僕らのAI論

9名の識者が語る人工知能と「こころ」

編著
森川 幸人

著
松原 仁
一倉 宏
伊藤 毅志
鳥海 不二夫
三宅 陽一郎
糸井 重里
近藤 那央
山登 敬之
中野 信子

SB Creative

本書に記載されている会社名、商品名、製品名などは一般に各社の登録商標または商標です。
本書中では®、TMマークは明記しておりません。

本書の出版にあたっては、正確な記述に努めましたが、本書の内容に基づく運用結果について、著者、
SBクリエイティブ株式会社は一切の責任を負いかねますのでご了承ください。

まえがき

「AIにこころは生まれるのか？」
「AIにこころは必要なのか？」

　皆さんはこの問題について、どう思っているでしょうか？　AIと言うと少し漠然としてしまうので、「ロボット」をイメージするとわかりやすいかもしれません。

「ロボットにこころはあるのか？」

　皆さんも、かつて初めて読んだSF小説で、あるいは漫画や映画の中で、人間のような心を持ったロボットというものの存在にふれたときに考えたことがあるのではないかと思います。
　実は、この問題は現在に至るまで、AI研究において盛んに議論されている問題です。AIと心の関係をテーマにした書籍もたくさんありますし、本書のメインテーマでもあります。
　ゲームを中心としたエンタメ系AIの設計を生業にしている自分としても、最も関心のあるテーマだったため、本書の制作にお誘いをいただいたとき、反射的に「やります！」と手を上げた次第です（そして、今、自分の非力さに絶賛後悔中ですが）。
　本書はAIの技術解説書ではないので、数式を出すことを極力避けています。AIの数理的な仕組みについても、説明を最小限にとどめています。その代わりに説明が足りないところは用語解説を脚注や図で説明するようにしました。以前に私（森川）が書いたAIの解説書『マッチ箱の脳　使える人工知能のお話』（新紀元社、2000年）のとき同様、文化系の人にも読んでいただきたい。いや、文化系の人にこそ読んでいただきたい。そういう気持ちでつくりました。

文化系の人にもわかる数式で書くというコンセプトはよく目にしますが、そもそも、文化系の人は数式を見るだけで自動的に心の扉が閉じるようになっておりますので、わかる以前に読む気になっていただけるものにするという点に注意しました。

　現在、AIは家電を中心に生活の中でどんどん使われるようになってきてはいますが、ロボットが家にやって来るということは、さらにAIは人間の生活をちゃんと理解し、勉強していく必要があるということです。

　つまり、人が使うコップを持ち、人の高さに合ったテーブルや椅子を使い、人の手のかたちに合った道具をロボットが使うようになります。人の力にあった耐久度になっている物が多いので、人間に合わせた力加減も必要でしょう。

　人が寝たり、ご飯を食べたり、お風呂に入ったりする時間がどのくらいかなどの常識も必要ですし、ご主人様に喜んでもらうためには、ご主人の趣味趣向を学ばなくてはいけません。ご主人の忙しさや健康の状態、そのときの機嫌、気分なども察知しないといけませんし、視線や注意がどこに向いているかも監視する必要があるかもしれません。

　また、人とコミュニケーションを取る場合には、「理解している」「困っている」などの意思表示も必要なので、顔の表情も必要です。人にも簡単にわかるように、人間になじみのある表情である必要があります。

　このように、勉強しないといけないことはてんこ盛りです。

　体の問題と同様に、もし「心」というものが存在できるならば、ロボットの「心」もまた人あるいは生き物にどんどん近づいていく必要があります。そのロボットの「心の機能」を担当するのは「AI」ということになりますから、家庭内に入ってくるAIは人の心に近

づく必要があるのです。

　本書では、AIが人の心に近づくにはどうすればよいかといった学術的な解決法については扱っていません。しかし、もっと私たちが普段感じている素朴な疑問について掘り下げたり、整理したりしています。たとえば、次のような事柄です。

「AIがこころを持つとは、具体的にどういうことなのか？」
「そもそも、こころって何なの？」
「どうして、人は相手にも心があってほしいの？」
「なぜ、昆虫や石やロボットなどあきらかにこころを持っていなさそうなものにさえ、心を感じ取ろうとしているのか？」

　一般にAIの本は、AIの専門家によって書かれた本が多いのですが、AIのこころをテーマにした本書では、人とのコミュニケーション、言葉によるコミュニケーションを扱うことになるため、心の専門家の方や言葉の専門家の方にも話をうかがいました。AI研究だけでなく、いろいろな角度からAIとこころの関係を見ることで、今までにないシルエットが見えてくるのではないかと思います。

　各章の冒頭には、専門家の皆さんのお話をより深く楽しめるよう、私（森川）が「前説」をしています。あわせてお読みいただければ幸いです。

　さて、すでにお気づきかと思いますが、以上の文章で"こころ"を「心」と書いたり「こころ」と書いたりしています。これは校正ミスではなく、自分のAIの「こころ」についての理解ゆえの表現です（これについては、第2章の「前説」でお話ししたいと思います）。

森川幸人

CONTENTS

僕らのAI論 — 9名の識者が語る人工知能と「こころ」

第1章　AIがヒトになる日 ［松原 仁］............9
- 前説 ［森川幸人］.............. 10
- 人工知能の定義が昔と今では異なる 15
- なぜ人間型ロボットなのか 18
- ロボカップに人間の偉大さを学ぶ 20
- AlphaGo / AlphaZeroの衝撃 22
- AI将棋が棋士に与えた影響 24
- 星新一賞にAI小説を応募してみる 26
- AIが直感を持つ日が来る 28
- AIが心を宿すことはいかにして可能か 30

第2章　人工知能は言葉を話せるか ［一倉 宏］...33
- 前説 ［森川幸人］.............. 34
- AIが作るコピーは人の心に刺さるか 42
- AIに言葉のニュアンスが理解できるか 43
- 言葉のコミュニケーションと感情移入 46
- AIはクリエイティブな仕事ができるか 49
- AIは言葉が持つ背景を理解できるか 50
- 解明が困難な言語習得のしくみ 52
- AIは俳句を詠めるか 53
- 言葉を学んだ先にあるもの 54

第3章　AIでゲームは強くなるのか ［伊藤毅志］...57
- 前説 ［森川幸人］.............. 58
- 将棋の肝は「読み」と「大局観」....................65
- AIと将棋の強さの関係 66
- ハードウェアの進歩が人を超えるAIを作る..........68
- テクノロジーがゲームのルールを変える？..........71
- 将棋ソフト不正使用疑惑に見るルールの危機.......72
- AIと人間の違い 75
- わからないことだらけのカーリング競技............76
- LS北見の活躍を支えたIT技術 78
- ストーンを打ち出すロボットとストーンの計測....80
- 研究を活かしてより輝くメダルを 81

サイエンス・アイ新書

第4章　AIは人間を説得できるのか
[鳥海不二夫] 85

前説 [森川幸人] 86
CEDEC 2015で始まった人狼知能大会 90
強化学習で発見された高度な戦略 91
なぜAIは人の嘘を見破れないのか 93
なぜAIは人を説得するのが苦手か 96
上手な嘘のつきかた 97
AIには「さっき言っていたアレ、何よ」は難解文 99
目指すは良い接待プレイ 102
AIは直感を持てるか？ 105
哲学的ゾンビと人との違い 106
AIは心や意識を持ち得るか 107

第5章　ゲームから現実へ放たれる人工知能
[三宅陽一郎] 111

前説 [森川幸人] 112
プレイヤーをおもてなしする、ゲームAIとは何か？ .. 118
ゲーム全体を見渡す「メタAI」 118
キャラクターに命を吹き込む「キャラクター AI」 121
AIの実装が変えたデジタルゲームのあり方 122
現実に出て行く人工知能 123
人間を知る人工知能 125
コンシューマーゲームを支える「ナビゲーションAI」... 126
キャラクター AIの行方 128
なぜ人工知能に哲学が必要か？ 129
「人工知能のための哲学塾」 130
日本の独特な生命観と人工知能 132
2つの人工知能観の止揚（アウフヘーベン）.............. 134
日本が持つアドバンテージは何か 136
キャラクターは世界に溶け合う 138

第6章　AIは道具であってほしい [糸井重里] 139

前説 [森川幸人] 140

CONTENTS

手編みのセーターが価値をもつのはなぜか？..........145
偶然というものは自然物ではない..............................148
AIはどのように進化していくのか 150
AIと生き物のアナロジーから何かが生まれる..........153

第7章 「生き物らしさ」に必要なのは「痛み」
[近藤那央] 157

前説 [森川幸人] 158
なぜAIBOよりも愛想のない動物のほうが愛おしいのか..162
ロボットに心は存在できるか 163
ロボットを作るときにいちばん大切なこと 166
人間、動物、ロボット 168
これからのロボットに必要なのは痛がること 169
ロボットが生き物らしさを身につけるということ ...171

第8章 精神医療にAIを活かす [山登敬之] 173

前説 [森川幸人] 174
精神科医のしていること 180
心はどこにある？..181
AIは「心」を持てるか？...183
ロボットにも役者にも心はいらない？......................185
「こころの理論」と自閉症 186
精神科医がAIに期待すること 190

第9章 誤解だらけのAI論 [中野信子] 193

前説 [森川幸人] 194
「心が通じあう」と感じるバイアス...........................198
人間の「どうしようもなさ」は、必要だから存在する ..200
自閉症研究が人工知能開発の鍵となる？..................202
学習とアンラーニング、直感の有効性 204
美意識と倫理観は、集団を維持するシステム 206
時間感覚をAIに実装することは可能か？.................210
人間がAIに脅威を感じるのはなぜなのか 213
AIの創造性が人間を超える？....................................214

あとがき [森川幸人] 216

第1章

AIがヒトになる日

松原 仁 ［公立はこだて未来大学 副理事長］

前説 —— 森川幸人

　ひと言でAIと言っても、その守備範囲はとても広いです。

　囲碁を打ったり将棋を指したりするAIやら、レントゲン写真を見て病巣を探すAIやら、車を自動運転したりするAIのほかにも、お客様センターで受け答えをしたり、掃除をしたり、商品の品質や在庫の管理をしたり、俳句をひねったり、料理のレシピを考えたり、クイズに答えたり、ゲームのバランス調整をしたり、服を選んでくれたり、旅行のプランを考えてくれたり、タンパク質の構造解析をしたり、株のトレーディングをしたりするAIなど、さまざまなAIがあります。

　このように、今はまだ将棋をやるなら将棋専用のAI、自動運転するなら自動運転AIと、問題ごとに専用のAIが必要です。これを「特化型AI」と呼びます。

　また、AIが普通の生活に入ってきて、人と一緒に暮らすようになってくると、ご主人に代わって「人間の」道具を操作する必要が出てきます。そうなると、こういう表現が正しいのかわかりませんが「からだを持ったAI」が必要ということになります。

　今はまだ別々に研究されることが多いAIとロボットですが、この先は「からだを持ったAI」、「こころ（AI）を持ったロボット」として、切っても切り離せない関係になるでしょう。ロボットがAIを使って学習していくと同時に、AIもロボットのような体を使って経験を通して学習していくことになります。

　第1章では、この広いAI世界を俯瞰して見ていきたいと思います。AIを研究されている方はたくさんいらっしゃいますが、AIとロボットの世界両方について、幅広く研究されている方としていちばん最初に頭に浮かぶのが、公立はこだて未来大学の松原仁先

生です。

　松原先生は、将棋AIの研究のほか、ロボカップや「きまぐれ人工知能プロジェクト　作家ですのよ」（AIに小説を書かせるプロジェクト）を主宰され、最近では大学ベンチャーで自動運転やAIを使った配車システムの開発をされています。

　松原先生には、AIの歴史、現在AIは一般的にどのように評価されているか、何をどこまでできるようになっているか、そしてAIが「こころ」を持てるかなど、今後のAIの可能性と問題点について幅広くおうかがいしました。

　AI全般については、このあとに続く松原先生のお話を読んでいただくとして、以前、松原先生に教えていただいたロボットのお話がとても面白かったので、少しだけご紹介することにしましょう。

◆　◆　◆

　わたしたちは、実際にカップを手にしたときの、触覚からフィードバックされる情報をもとに、無意識のうちにコーヒーカップとの付き合い方を理解します。「カップの取っ手に指を通すと持ち上がる」というカップと自分との関係性を「アフォーダンス」と呼びますが、本当ならそのカップだけとのアフォーダンスのはずが、それをカップのようなモノ全体に拡張して応用できるのが人間というか生き物のすばらしいところです。

　そんなわけで、AIがカップとのアフォーダンスを認知するためには、体は不可欠となります。それ以外にも、AIが人間の生活の中に入り込んで、人と一緒に暮らす場合には、人体の制約も学習の要素としてちゃんと理解している必要があります。

　人ってどのくらいの大きさなの？　柔らかい？　硬い？　どうす

るとケガする？　体温はどのくらい？　どのくらいの速さで動き、どのくらいの高さまでジャンプする？　どんな形の道具を使う？　それはどんな大きさ？　重さは？

　これらのことを理解するためにも、AIは体を持ち、体験を通して学習する必要があります。体験のなかには「8時間寝る」や「長湯」「1か月間のトレーニング」のように、物理的な時間をはしょれない経験もあるでしょうから、その学習にはひょっとすると数十年というオーダーの時間が必要になるかもしれません。

　それでは時間がかかりすぎ、AI化する意味がないと思われるかもしれませんが、そこは機械。1体が学習できてしまえば、あとからそれを高速に複製することができますから、1体目の学習には時間がかかるかもしれませんが、それ以降は何体でも一瞬で学習できることになります。

◆　◆　◆

　人と暮らすということは、人の道具を使うことになります。そのためには、AIが使う体も人の道具のサイズ、形に合ったものになる必要があります。コーヒーカップを持つのに、でかくてはさみ型の手だと具合が悪いわけです。道具は人間の体に合わせてデザインされていますから、必然的にロボットの形は人間に近づいていくことになります。

　手足だけじゃなく、体全体の大きさも小さすぎれば、できる仕事が限られるでしょう。大きすぎれば、人に威圧感を与えたり、転倒したら危険であったりします。ぶつかってもケガをしないように、柔らかい体である必要もあるかもしれません。

　このように、ロボットが人と1つ屋根の下で暮らすようになると、その体は自然と人間と近いものになっていくでしょう。

第1章　AIがヒトになる日

◆　◆　◆

　アップル社の共同設立者であるコンピュータエンジニアのスティーブ・ウォズニアックが提唱する「コーヒーテスト」、またの名を「ウォズニアックテスト」と呼ばれるチューリングテストがあります。これは「初めて入る友だちの家でAIはコーヒーを入れられるか」というテストです。

　チューリングテストというのは、ドイツの暗号「エニグマ」の解読で知られる数学者アラン・チューリングが提唱したテストで、それを行ったのが人間か機械か判定するテストです。コーヒーテストの場合は、そのAIが汎用の人工知能であるかどうかの判定を行うテストということになります。

　これが人間なら簡単です。「コーヒー豆はどこにあるの？」くらいは友だちに聞くかもしれませんが、コーヒーメーカーを探すのに、風呂場に行ったり、冷蔵庫の中を探したりはしません。

　しかし、AIはそうはいきません。まずは自分がどんな部屋にいるのか、3次元の構造で把握する必要があります。そのため、まず、部屋の測量をしないといけません。台所だけ測量すればいいという知識がありませんから、きっと、トイレもお風呂も測量することでしょう。

　さらに、コーヒーメーカーや豆、カップがどこにしまってあるか探し出し、コーヒーメーカーの起動ボタンを見つけてうまく起動させなくてはなりません。コーヒーを抽出したら、コーヒーメーカーの形にあった持ち方で持って、コーヒーを注がないといけません。カップの容量もちゃんと把握しないとこぼれてしまいます。

　友だちに使い方や収納場所を聞く場合は、言葉でのコミュニケ

ーション能力も必要となります。友だちの家でコーヒーを入れるには、「コーヒーメーカーは台所にあるものだ」「コーヒーは豆のままでは抽出できない」「コーヒーは一般にお湯で抽出するものだ」「あまり熱いと苦くなる。っていうか、飲めない」「コーヒーはコップに入れて飲むものだ」「カップは取っ手の穴に指を入れると持ちやすい」など、たくさんの知識が必要となります。

　人であれば、いちいち言われなくてもわかってそうなことも、AIにはひとつひとつ知識として与えなくてはなりません。ちなみにこうして事象を言葉として表現することを「記号着地問題」と言います。起こりうると思われることすべてを記号として記述することは不可能ですし、うまく言葉として表現できない問題もあるので、「記号着地問題」はAIの大きな問題と言われています。

　仮にAIがコーヒーを入れることに関する全知識を手に入れたとしても、まだ問題は残っています。

　コーヒーを淹れている間に停電したらどうしよう。カップが割れてたらどうしよう。コーヒーを運ぶとき、床が滑ったりしないだろうか。どのくらいの時間で冷めてしまうだろうか。これらの起こりうることを、いちいち検証しないと行動できないため、いつまでたってもコーヒーを入れることができません。

　こうした考慮すべきことがいっぱいありすぎて、有限の時間で実行できない問題を「フレーム問題」といいます。AI研究が始まって間もない1969年にすでに、ジョン・マッカーシーによって提唱された問題ですが、今もって、解決されていない課題です。

AIがヒトになる日　松原 仁

■ 人工知能の定義が昔と今では異なる

　現在は第3次人工知能ブーム[★1]ですが、これまでの人工知能ブームと比べると、今回のほうが世の中の一般ユーザーの方にも関心を持っていただけていると思います。これは第2次人工知能ブームまでには起きなかったことなので、以前の"AI冬の時代（第2期）"[★2]のような冷え込み方はしないですむのではないかと期待しています。

　私はよく講演などで「AIが普及すると、AIという言葉が消える」という話をします。AIは人間の知能を人工的に実現しようという分野です。汎用人工知能[★3]の実現は最終的な目標ではありますが、今は人間が日常の中で行っている、さまざまな活動を模倣して行う特化型人工知能の開発を進めています。

　人間は、生活に必要な大体のことを苦労せずに習得できます。

★1　人工知能（AI）ブームは3つの期に分けられる。第1次人工知能ブームは1950年代後半から1960年代。「人工知能」という言葉が広く知られるようになったのは、1956年のダートマス会議で使われてから。第2次人工知能ブームは1980年代で、その後「冬の時代」をはさんで、2010年代に入ってから第3次人工知能ブームを迎える。

★2　「AI冬の時代」は「AIの冬」とも呼ばれる。第1次人工知能ブームのあとと、第2次人工知能ブームのあとの2期がある。図1-1「人工知能研究の歴史」を参照。

★3　「特化型人工知能（AI）」は、将棋AIソフトなどに代表される、特定の課題を達成するAI。「汎用人工知能（AI）」は、事前に情報が与えられていない状況で、新たな課題に対応できるAI。汎用AIかどうかを判定するテストとしては「コーヒーテスト」（別名「ウォズニアック・テスト」）が有名。このテストでは、「知らない家に上がってコーヒーを淹れる」ことができれば汎用AIと認定される。

たとえば言語の習得はそれが母国語である人にとっては、特別な能力を必要としません。コップを目で見てそれをコップだと判断することも、誰にでもできることです。ところが、AIにとってこういうことは、何十年間も苦労してようやくできるようになったことなんです。それができた瞬間は、世の中ですごいことのように言われますが、やがて「それって人間なら誰にだってできることじゃん」と言われるようになるわけです。

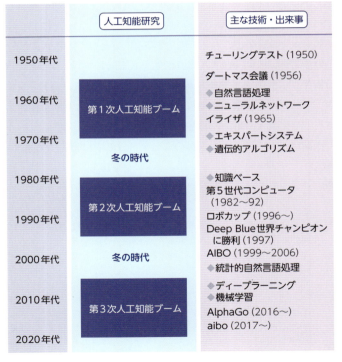

図1-1　人工知能研究の歴史

たとえば、文章作成ソフトは、第1次人工知能ブームの前くらいに、パソコンではなくワープロ専用機から普及しました。私たちが普通に使っている「かな漢字変換」も、人工知能による自然言語処理の応用なのですが、当時は「すごい！　コンピュータで平仮名と漢字が混じった文章を打てるようになった。しかも使っているうちに、よく使う漢字が優先的に出てくる！」と言われたものです。しかし、第3次人工知能ブームの今となっては、誰もかな漢字変換を人工知能の例として挙げることはありません。ですから、今話題になっている画像認識や音声認識も、あと10年か20年したら、人工知能によるものだと意識されることがなくなると思います。

　将棋AIや囲碁AIのするような対局については、誰にでもできることではありませんが、そうすると今度は違う理由を見つけるわけです。たとえば、「ルールが明確だからこんなのはできて当然だ」とか。3、40年前は、「コンピュータが囲碁や将棋の名人に勝つことは永遠にない」とみんなが考えていました。ですが、実際に人工知能が人間に勝ってしまうと「あんな風にルールが明確で範囲が限られたものなら、コンピュータのほうが得意に決まっている。だから負けたってくやしくないんだ」と言うのです。このようにAIにできることを過小評価したがる傾向を社会学などの分野の人たちは「人工知能効果」と呼んでいます。おそらくそれは、人間のプライドを守るための防衛反応ですね。裏を返せば心中穏やかではないということです。

　このような現象は、人間の知能を代替する機械を作ろうとする人工知能という分野の特徴だと思います。人間は進化の過程で、物を見てそれが何かがわかるようになったし、言葉もわかるようになった。それはそんなに苦労せずに上達したことなので、人工

知能にだってできて当たり前だ、子どもにだってできるぞという話になるわけです。

　たとえば、乗り換え案内のソフトがあります。このソフトも今となっては、AI技術が使われているとは思われていません。30年前に私が専門学校で非常勤講師をしていた頃に、乗り換え案内ソフトを人工知能で作ったことがあります。時刻表や料金表のデータベースを使って、自動的に最短経路検索や運賃の計算ができるようにしました。その時に起業していればよかったと後悔しましたね。今となってはありふれたスマホアプリになっていますが、当時としては最先端のAI技術だったのです。

　AI研究者としてつらいのは、成功した技術が世の中に受け入れられると、それがAIによるものと認識されにくくなることです。自分たちから強くアピールしない限り、「AI研究ってこれまでの60年間、何やっていたの？」と言われがちです。

■ なぜ人間型ロボットなのか

　人とともに生活をするロボットが人間と似た形のヒューマノイドになったのは必然だと思います。私自身も鉄腕アトムを子どもの頃に見たことが人工知能に関心を持つきっかけになりました。その一方で人間型ロボットが科学技術ではなく、研究者によるロマンにすぎないという批判もあります。つまり、人間と同じ姿である必要はないということです。しかし我々が人間型のロボットの実現を目指すのは、ロボットの研究を介して人間を知りたいという関心ももちろんあるのですが、何よりも人間の住んでいる社会が、人間向きに作られているからというのが一番の理由です。

　長い歴史の中で、机や椅子などの大体のサイズやデザインが決まったのは、人類の身長が1メートル強から2メートルくらいまで

で、体重も数十キロから100キロくらい、腰の高さや関節などの身体条件も大体同じだからです。都市も建物も家具などの調度品も、それに合わせてデザインされています。ロボットはその社会にあとから入ってくるので、そういう環境になじんだ格好や振る舞いをしたほうが、今の社会の中で過ごすには不自由が少なく、また人間にも親近感を持たれるでしょう。

　力の加減や表皮の柔らかさもそうです。たとえば、本当に硬くて力の強い機械がプラスチックカップを持つと、加減がよくわからず、握りつぶしてしまいます。そうならないように、飲み物が入った状態のカップの重さを支え、かつ壊さずに持てるロボットの手や指を作らなければなりません。それが人間にとって安全だということにもなります。もちろん緊急のときには数人の人間を抱えて走ってほしいところですが、いつも人間とかけ離れた力を発揮しっぱなしでは、人がロボットとぶつかったときにケガをしたり、死亡したりする危険が生じます。

■ ロボカップに人間の偉大さを学ぶ

「ロボカップ」★4というロボットのサッカーのプロジェクトがあります。このプロジェクトは2050年までに人型ロボットがワールドカップ・チャンピオンに勝つことを目標にやっています。つまり、このプロジェクトも人間とサッカーができるロボットの実現を目指しているということです。ひとつの指標ですね。人とぶつかっても壊れず、逆に、人に対してスライディングタックルをしてきても「ちょっと痛かったね」くらいですむロボットが作れれば、ロボットが家庭に入ったときも安全ですし、人とも普通に付き合っていけるはずです。

ロボカップは、以前なら人間のほうが余裕で勝っていました。しかし、最近はボールを追うロボットの目の画像処理能力が向上してきているので、楽勝はできなくなっています。また、昔は浮かせたシュート球を蹴ることができず、地面にボールを転がしているのをキーパーが止めるだけですみました。その後、ボールを浮かせてシュートするロボットが開発されたときは点が取り放題となりました。しかし、今はキーパーもそれに対応できるようになっているので、だいぶサッカーらしい試合になっています。

さらにフェイントもできるようになりました。フェイントというのは、かなり知的な行為です。相手に知性や反応能力があることを前提としている行為ですから。このようにして、高度なプレイが徐々に成立するようになってきました。

今では関係者同士での笑い話になっていますが、1997年に名古屋で第1回目のロボカップを開催したときには、こんな大失敗が

★4 ロボカップ日本委員会　http://www.robocup.or.jp/

ありました。

　人間は明るさの違う部屋に入っても、しばらくすれば目が慣れてきます。しかし当時の技術ではロボット内での画像処理も十分にできず、研究室とは異なる照明を使っている試合会場でのカメラの調整もすぐにはできませんでした。その結果、目の前にボールが置いてあるにもかかわらず、ボールを見つけられないロボットが続出してしまいました。真ん中にボールがあってホイッスルも鳴ったのに、どのロボットも顔を振ってボールを探すばかりでその場から動かない。さらに味方も敵も見分けられない。ボールだけがシーンと残っていて。それが30秒くらい続いたので、やり直しをすることになってしまったのです。

　人間は画像認識やフィルタリング、明るさの調整などを意識せずに一瞬のうちにできてしまいます。ただ、あまりにもうまくできてしまうので、それを再現するためになぞるべきプロセスが見えづらく、コンピュータで同じことをするのが難しいのです。

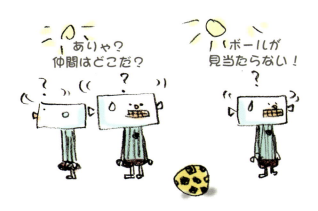

過去にはそんなこともありましたが、2017年に開催した大会では、こんなエピソードがありました。試合を見学していた子どもが父親に「お父さん、あれサッカーみたいだね」と言ったそうです。つまり予備知識のない子どもにも、ロボカップがサッカーというスポーツに見える状態まで持ってくるのに20年かかったということです。ですから、AIの研究をすればするほど、人間がいかに偉大かがわかってくるのです。

　第1次人工知能ブームと呼ばれた1950年代後半から60年代のあとに、最初の"AI冬の時代"が来ました。今にして思うと、そうなってしまった原因はコンピュータを発明したと舞い上がってしまい、人間の能力を過小評価していたからだと思います。当時の文献には、コンピュータという夢の機械を使うことで、人間の能力をすぐに追い越すものが作れてしまうだろうと書かれたものがたくさん残っています。でも、実はそうではなかった。画像認識も音声認識も自然言語処理もゲームも、人間が当たり前にやっていることは、人工的に再現することが容易にはできないすごいことなのです。

■ AlphaGo / AlphaZeroの衝撃

　将棋棋士の羽生善治九段は、「この手はこうしました」とあとから説明してくれるものの、その説明のとおりには本人も考えていないとおっしゃっていました。直感として、いい手が浮かんでしまうわけです。それは才能と修練の賜物だとは思いますが、そのようにプロセスが見えないものをアルゴリズム化することは非常に難しい。そのままAIに教えることもできません。ですから、手から考える過程を真似するのはあきらめて、「羽生さんはこの局面

でこの手を指した」という結果からディープラーニング★5による学習をして、今は何とか人間に勝てるところまで来たわけです。

囲碁AIは強化学習★6だけで人間を超えることができました。AlphaZero★7はAlphaGo以上に衝撃的ですが、すでにAlphaGoがトップ棋士に勝ってしまったので、世間ではそれ以上の関心が向けられていないのが残念です。

AlphaGoの開発プロセスでは、最初に3,000万局面という大量の棋譜を学習させました。そのあとでAI同士を対戦させて強化学習を行い、さらに強くなりました。人間側としては、「AlphaGoは人間の知識をコンピュータが高速で学習したことで、人間より強くなった。つまり元の知識は人間のものなんだ」というプライドをかろうじて保てました。

ところがAlphaZeroのように最初からAI同士での強化学習をされると、囲碁の2,000年以上の歴史はなんだったのという衝撃を覚えます。それも、世界チャンピオンを下したAlphaGoよりも圧倒的に強いわけですから。つまり、人間がこれまでやってきたことはごく一部でしかなく、我々の知らない領域をコンピュータが切り拓いて、より良い提案ができるようになったということです。これは、AIと人間の関係として見ればいいことだと思います。AI

★5 ニューラルネットを何層にも重ねて処理を行い、機械学習を行わせる仕組みがディープラーニング。「深層学習」とも呼ばれる。
★6 強化学習とは、対戦を通じて経験を積むときに、良い結果が得られたときに「報酬」を与えることによって、より優れた方略を選択するよう学習する仕組みのこと。ある手を打ったときに、相手の駒を得ることも報酬になる。
★7 「AlphaGo」と「AlphaZero」はいずれもGoogle傘下のDeepMind社が開発したもの。AlphaGoは囲碁だけに特化していたが、AlphaZeroは将棋・チェスなどのボードゲームへと対応し、進化している。いずれもゲームのルールだけを事前に入力しただけで、あとは強化学習だけで実力をつけていった。

が、人間の能力ではまだ行けなかった新しい高みを見せてくれた。人間はAIの助けを借りて、その高みに至ることができるようになったということです。

■ AI将棋が棋士に与えた影響

　AIのブラックボックス現象に近い話ですが、AlphaGoが見つけた新手は、まだ人間の合理性では、なぜそこに打ったかをすぐに理解できないことが多いのです。最近の囲碁のプロ棋士の実践では、AlphaGoが打っていた手を打つと、打たれたほうの棋士はその手について本気で考えます。賞金がかかっていますから、プロ棋士同士が本気で考える。そういうことを世界中のプロ棋士がやってAlphaGoの手を本気で解明していきます。そして、終わったあとにも真剣に研究する。それは、人間とAIのいい関係の現れだと思います。

　日本の将棋だと、藤井聡太七段など若手プロ棋士がそれに近いことをやっているようです。彼は"AIネイティブ"と言われています。ただ、彼はもともと詰将棋を解くのが非常に速いことで知られていました。詰将棋の大会はマニアが寄ってたかって作った難問を、駒を動かすこともできず盤面もなく、暗算でやらないといけない試験のようなものです。この詰将棋の解答日本一を競う大会を、藤井さんは5年間5連勝しました。史上初のことです。

　若い人はやっぱり頭の回転が速いので、藤井さんだけではなく、若い頃の羽生さんも谷川浩司九段も渡辺明棋王も、コンピュータで言うCPUの性能が良いので終盤は強いのです。ただし、序盤と中盤は漠然としているので、計算だけでは答えが出ません。それこそ長い経験でいい手を見つける必要があります。ですから、羽生さんも谷川さんも渡辺さんも、若い頃は序盤中盤が弱かったん

です。

　ところが、藤井さんは序盤、中盤も強い。それは彼がAIで勉強したからです。強いAIとすごくたくさん対局してきました。今はAIの将棋ソフトのほうが強いので、プロ棋士の強さを判定するときにAIとの一致率を指標にしています。つまり、そのプロ棋士が実践で指した手とAIの手が何パーセント一致していたかで、そのプロ棋士の強さを判定するということです。これはAIに通信簿を付けられているようなものなので、プロ棋士としては不本意に感じる方が多く、評判が悪いんですが、私は認めなければいけないと思うんです。実際にAIのほうが強いんですから。藤井さんはその中でトップクラスです。彼の指す手があれだけ強いのは、その局面でAIが指す手と近いからです。

　「ボナンザ」[★8]は、2006年頃に3つの駒の評価関数のパラメーターを機械学習で最適化するボナンザ・メソッドを開発したことで、一気に強くなりました。それから11年経った今、藤井さんの頭の中にある評価関数は、AIから学習したものだと思われます。人間による将棋の知識をAIが学習していた時代から、AIによる知識がプロ棋士に向かうように変化したのが象徴的です。ですから今言われているのは、囲碁でも将棋でも、5歳や6歳のときから強いソフトと対局していると、第2、第3の藤井が出てくるということです。将棋だけではなく囲碁も出てくるでしょう。今はゲームという範囲に限られていますが、もしかすると将来的には、人間がAIの助けを借りることで天才的な能力を開発するという手法が出てくるかもしれません。

★8　ボナンザ（Bonanza）は2005年に公開された、コンピュータ将棋のプログラム。Windows用のフリーウェアとして公開されている。

ただ、将棋の完成度として不十分なところもあります。以前、羽生善治さんと対談したときのことです。羽生さんは「AIの指す手は面白くない」とおっしゃいました。その言葉は、「AIはまだ俺の感動するレベルに来ていない」という意図であったろうと思います。だから、コンピュータ将棋の開発者としては、羽生さんに「この局面でこの手とは感動しました」と言わせるようなものを作りたいと思っています。

お互いに手を間違えるなど、葛藤のある人間的な勝負が理想だとすると、今の段階のコンピュータ将棋はそのような理想にはほど遠いのが現状です。人間というのは、やはり接戦を好むものですから、いい勝負が続くと人間は対局して嬉しくなるのだと思います。圧勝でも惨敗でも不満が残るのです。

■ 星新一賞にAI小説を応募してみる

2012年から始めた、星新一の作品を解析して人工知能にショートショートの小説を創作させる「きまぐれ人工知能プロジェクト作家ですのよ」★9は、星新一賞★10に毎年応募しています。2016年3月に審査発表された「第3回星新一賞」では一次審査を通過しましたが、まだ二次審査は通過できたことはありません。

AIが小説を書くにあたって身につけなければならない能力は、ショートショートの場合だとある程度決まっています。まず、主人公など登場人物のキャラクターを設定し、ストーリーの流れをつく

★9 「きまぐれ人工知能プロジェクト 作家ですのよ」のホームページ
https://www.fun.ac.jp/~kimagure_ai/
★10 2018年の第6回日経「星新一賞」には、2489作品の応募があった。受賞者は2019年2月15日に発表された。
http://hoshiaward.nikkei.co.jp/

り、最後どうオチをつけるかを決めます。過去の作品をAIに学習させ、パーツに分解してそれらを切り貼りする方法が取られています。まったく駄目というわけではありませんが、今のところ、切り貼りではなかなか良いものが作れません。星新一の作品を1,000本学習させているので、うまく切り貼りすれば既視感のある作品にはなるものの、「この流れには、星さんならしないぞ」となるわけです。

　一番難しいのは、ストーリー案ができたときや、小説が完成したときに、これが本当に面白いのか面白くないのかという評価基準が、今のところ（人間の）我々の頭の中にしかないということです。ストーリーや小説の試作を入力して、この小説がどこまで星新一の作風に近いかを計算する研究はしていますが、人間から見た精度は良くありません。その精度が良くなれば、数撃ちゃ当たる式でたくさんの作品を生成して応募することもできるようになるでしょう。人間が小説を書くときは、よく考えて1つの作品を作りますが、AIなら1億でも難なく作れます。今のところ投稿数の制限や、人間が作らないといけないというルールもありませんから1億作品作っても問題はないはずです。

　星新一賞の主催者は、そういうテロのような大量の応募が来ないかと心配していると聞いたことがあります。例年2,000から3,000くらいの応募数なのに、ある年だけ10万作も応募があるということもありえるわけです。ルール上、すべての応募を受け付けて、それらを全部人間が下読みしないといけない。その人件費も大変です。それから、ほとんど同じ文章だけど、1行だけ違うという作品があったときに、それを読まずに捨てることを良心が許すかという問題もあります。いっそのこと一次審査をAIにさせたらどうかと思います。

■ AIが直感を持つ日が来る

　AIと文学についてもうひとつ述べておきます。私もチームに少し関わっていますが、北海道大学大学院の川村秀憲教授たちによる「AI俳句プロジェクト」★11が始まっています。これは小林一茶や正岡子規などの作品を機械学習させて、ウェブから参加した人たちが、表示される画像とそれに合うと思われる俳句をひも付けていき、それをディープラーニングで学習していくというものです。

　このプロジェクトは2017年から始まったものですが、2018年2月にNHKの番組『超絶 凄ワザ！』の最終回「AI VS. 人類 3番勝負」で紹介されました。そこでAIと人間が1句ずつ、全部で3対の句を作って対決して、俳句の専門家が優劣を判定したところ、結局AIが全敗したんです。

　このことからもわかるように、そういう番組に出られるくらいの俳句はAIでも作れます。川村教授は「僕が詠む俳句よりもAIのほうが絶対にうまい」と話しています。それでも俳句を趣味にしている人からすると、AIの俳句はひねりが少ないのでしょう。おそらく、情景の表現が素直すぎるのだと思います。とはいえ、ルールが明確な俳句のほうが、小説よりも先に完成度の高いものができるようになる気がします。というのも、俳句でやっていることは単純なんです。ある単語の次にどの単語が来るかという、自然言語

★11　AI俳句プロジェクト　主宰：SAPPORO AI LAB（札幌AIラボ）
　　　https://www.s-ail.org/haiku/

で言うところの共起関係★12を解析して処理するということですから。

　従来の俳句を解析したデータから、この単語の次にはこの単語が来て……、というパターンをきれいに17文字になる形で無数に作って、季語が1つだけ入っているのを選んでまとめて出す。今のAIだったら、17文字くらいならすぐに作れますし、それらを大量に作れば、ある程度の確率で良い俳句らしきものは出てきます。最終的にはこのプロジェクトで、AIに選句と改良をさせたいと思っています。どのような俳句が良いかという指標についての学習をAIができれば、AIなりの評価関数は作れると思います。

　私はAIにも文学を作る直感や将棋で言うところの大局観を持つことはできると考えています。今の将棋や囲碁の最も強いプログラム、特にAlphaGo系の囲碁AIは、学習するまでには計算に多大なパワーを使っていますが、そのあとは少数の良い手から選ぶことができています。極端に言うと、大局観を持っているということだと思います。ただ、どうやって絞り込んでいるかは、いまだにブラックボックスです。

　今の時点での技術では、ゲームのようにルールがはっきりしているからこそできたことだと言えますが、将来的にAIの技術が進めば、それに近いことが他の分野でもできるようになるでしょう。俳句も10万句を生成した中から選ぶのではなく、パッと2、3句良い作品を思いつくことができると思います。それはまだ私自身の望みに近い予測ですが、研究者の直感としては、人間がそのような能力を持っているのだから、AIも将来的に持ち得ると思います。

★12　ある文や文章の中にある単語が登場したときに、別の特定の単語が登場することを「共起」と言う。「少しも〜ない」といった副詞の呼応は共起関係の代表例である。

■ AIが心を宿すことはいかにして可能か

　AIに心は宿るのか。人間が長い進化の過程で、知性もふくめた生存に関わる能力を得たのだから、理論的にはコンピュータも同じように獲得できると考えています。囲碁や将棋もそうですが、特に（物質としての）身体を必要としないことは、すでに結構高いレベルでできてしまったのではないかと思います。これからまだ残っていることを実現するためには身体性が必要になってくるでしょう。

　もしかしたらAIが良い俳句を作るためにも身体感覚は必要なのかもしれません。人間は気温や風などを全身で感じることでインスピレーションを得て俳句を作っていると思うと、身体があったほうが良い俳句を作れる可能性はあります。AI俳句プロジェクトでは、カメラを設置して、ノートパソコンに物や風景を見せると、ここで人間が思ったような俳句をコンピュータが作るというのを目指しています。このやり方でもそれなりのものができるかもしれませんが、さらに良い作品を作るためには、ロボットがいて環境を認識したほうがいいでしょう。

　人間はロボットなども含めた（人間以外の）存在にも心があると感じることがあると言われています。これは、人間は何かに対峙したときに、相手のことを理解して今後の行動を予測したいと思うものだからだと思います。何も根拠がないと、それこそ相手が何をするかわからず不安になるので、まず相手にも心があると仮定する。そして、相手の心が今こういう状態で、そのときに自分はこう思ってこういう行動をするから、相手もこういう行動をするだろうと予測をして安心するわけです。

　それがある程度は当たるものなのです。だから自分が飼ってい

る犬や猫、自分が遊んでいるゲームの2次元のキャラクターやAIBOのようなロボットなどの行動や反応について、ある程度予測が当たると判断すると、それがだんだん強化されることで「こいつには心がある」と認識するようになります。

　そもそも人間同士だってそうです。付き合っている人が、これからどうするかを知りたいから、相手にも自分と同じ心があると仮定したほうが、相手のことを理解しやすいと考えるものです。また、お互いに心があると仮定したほうが人間同士のコミュニケーションもうまくできます。だから進化の過程で、相手がどういう存在かはわからないけど、少なくとも「心」というものをお互いに持っていると仮定してきたわけです。そのほうが生活もスムーズに行きますから。

　AIから見てもそうですね。ご主人様である人間が、これからどういうことをしようとしているのかを予測したり判断したりするときに、「この人には心があって、このモデルでいくと、いま心がこういう状態だから、次にこうしたがるだろう」と考える。それが当

たると、「ああ、わかった」と学習します。だから先回りができるわけです。人間も同じようにしますが、人間は先回りをしすぎて時々余計なお世話や失敗をします。ですが、そうすることで失敗から学習をしながら相手や場にふさわしい振る舞いを身につけていくわけです。

　こう考えてみると、人と暮らすロボットは、自分たちが対峙する相手が人間である以上は、人間社会に合った身体や、ある程度の人間並みの時間が必要かもしれません。ただ、AIやロボットの場合、1体できればあとはコピーで量産できるのが、人間とは異なる強みになっていくと思います。

第2章

人工知能は言葉を話せるか

一倉 宏 [コピーライター／クリエイティブディレクター]

前説 ── 森川幸人

　本書に載せる文章を書くにあたってAIの〈こころ〉をどう表記するか、かなり悩みました。「心」「こころ」「ココロ」のどの表現が一番しっくりくるか、おそらく世界中で日本人しかわからないであろうポイントに悩みました。

　人間や動物の〈こころ〉には「心」がしっくりきます。しかし、AIの「心」と書くのはなにかちょっと違うというか、しっくりこない気がしています。うまく説明できないのですが、AIの〈こころ〉と生物の〈こころ〉は、基本的なところで違うもののような気がするからです。一方、「ココロ」はなんだかちょっと軽すぎるというかポエムっぽくてしっくりきません。生き物らしさも感じません。

　AIは生き物ではないので「ココロ」でもよさそうですが、これは、AIは単なるコンピュータのプログラムとは違う、第三の「命を持つもの」的な気配を感じるからでしょうか。

　ということで、まえがきでも触れましたが本書では、AIの〈こころ〉について書くときは、主に「こころ」を使うことにしました。ひらがなに開いただけなのに、AIの「こころ」は生き物の「心」と同様に考えなくてよいし、それでいてあまり無機的にもならない気がするのはなんとも不思議です。

　何を言っているんだと言われそうですが、自分の中では人間や動物に感じている「心」とAIが持つかもしれない「こころ」は違うものである、違うものになっていくんじゃないかな？という根拠のない予感があり、ひらがなに開いたくらいの「こころ」なら、生き物的な知性に到達可能に感じられたのです。

　こうして「適切と思える言葉を選べる」のは、とても大切なことなのですが、突き詰めて考えようとするとかなり難しいことでも

あります。

◆ ◆ ◆

　ところで「人工知能」（Artificial Inteligence：AI）という言葉は、1956年のダートマス会議という史上初のAI会議で生まれました。ダートマス会議では、人が持つような知能を機械がシミュレーションできるかどうかブレインストーミングが行われました。当時はちょうどコンピュータが出始めた頃で、人間をはるかに凌駕する計算能力を持ったコンピュータならば、人間の知能も数理的なモデルで表現し、計算可能になるはずだ。そして機械も知能を持てるはず、という空気感の中で「人工知能」という言葉が生まれたであろうことは容易に想像がつきます。

　実際、早くも1965年には「20年以内に人間ができることは何でも機械でできるようになるだろう」（ハーバート・サイモン）と予測されました。しかし結果は、言うまでもなく、21世紀になった今でも、機械（AIと置き換えていいでしょう）は、人間のできることのほんの少ししかできないままでいます。

　こうした予測が登場した背景には、人間の知能の複雑さを少し甘く見ていたところがある気がします。今と違い、人間の知能の正体がよくわかっていなかったため、人間並みのものを作るのは簡単だと思っていたふしがあります。実際、脳の仕組みがどんどん解明され、知能や心の正体が少しずつわかっていくにつれて、まるで砂漠の蜃気楼のオアシスのように、「人のような知能を作り出す」というゴールは遠ざかっていきました。まさに、AIを研究することは、とりもなおさず人間（の脳）を研究することだと言われるゆえんです。

◆ ◆ ◆

　ダートマス会議で人工の「知能」なんて大上段に構えず「機械学習」（machine learning）くらいのネーミングに抑えてくれていれば、あとに続くAI研究者たちも、もっと気楽に研究を進められていたのではないかなと思うことがあります。「知能」を再現するんだ！と目標を掲げたものの、目標の生き物の「知能」が思っていたよりも複雑で高機能であったことから、ゴールにたどり着くルートすらいまだに見つかっていません。そもそも「知能」の定義すらうまくできていない状態です。

　それに対して「機械学習」、つまり、機械が自分で学習して、目の前の問題について認識したり、推測をしたり、判断をしたりする。そういう装置とアルゴリズムをつくる。これぐらいの目標設定であれば、もう少し開発の道順も目に見える形になっていたかもしれません。

　言葉は、人が思っているより強い影響力を持っています。不謹慎な例ですが、「援助交際」という言葉のほうが「売春」より少し軽く聞こえるため、「援助交際」という言葉の発明が、そうした行い（どっちも同じこと）のハードルを下げてしまったという指摘を聞いたことがあります。

　言葉が指し示す意味や機能だけでなく、言葉自体からくる雰囲気やエネルギーが、人間の認識に大きく影響をしているということです。「言霊」という言葉があるように、昔から、人は言葉自体の力を知っていて畏れていたのでしょう。

　そもそも、人の知能は言葉と切り離しては考えられません。そこがほかの動物の知能とハッキリ違うところでしょう。

第2章　人工知能は言葉を話せるか

◆　◆　◆

　人はどうしてこんなに言葉に振り回されるのでしょうか。言葉によって体の調子が良くなったり、褒められることで学習効果があがったり、愛を告白されれば脳内に幸福物質がドバドバ出るし、言葉によっていさかいが起きたり、言葉によってだまされたり、迷わされたりします。

　最近では「パワハラ」「セクハラ」など「言葉の武器」が問題になっています。抱擁や暴力のような物理的な作用がないのに、それと同様、場合によってはそれ以上の影響を及ぼすのは不思議です。

　人間の知能は、言葉と合体しています。切っても切り離せない関係にあります。言葉を使うことで、うまく記憶し、理屈を理解し、理論を組み立て、推論をし、理由を考えたり、判断をします。

　道具を使ったり加工したり、遊びを創発する動物の行動が観察されるにつれ、人間にしかできない行動、能力というのはどんどん少なくなってきていますが、言葉をあやつる、言葉で考える、という能力は人間固有であるのは間違いありません。この章で登場いただく一倉さんの言葉をお借りすれば、「僕らは言葉でできている」となります。

　「人のような知能を作り出す」という目標に近づけるよう、AIに言葉を覚えさせて人と会話ができるようにしたり、詩や俳句や小説を書けるようにする研究も盛んに行われています。これは、すでにある程度実用化されていて、みずほ銀行のお客様サポートはAIが応答をします。Amazon EchoやGoogle Homeなどのスマートスピーカーや iPhoneのSiriもちゃんと人間の言っていることを理解し、正しい応答をしてくれます。ソフトバンクのペッパーに

至っては冗談を言って人を笑わせます。

「作家ですのよ」プロジェクトでは、AIが書いた短編小説が一次審査を通過しています。小説のような長い文章、自然な会話のような長いやりとりは、まだまだ技術的な困難があって実現は難しそうです。単純に考えると、広告のコピーや俳句のように、短い文章なら、「人並み」の域まで到達しやすい気がします。実際に、電通の「AICO」というAIは広告のコピーを書いており、賞も取っています。SAPPORO AI LAB（札幌AIラボ）のAI俳句プロジェクトでは、なかなかの俳句を詠んでいます。

AIがコピーや俳句を作るとき、過去、人によって作られた大量のコピーやら俳句やらを学習することになります。それらをいったん、単語などの要素に分解してデータベース化し、言葉と言葉のつながり具合を統計的に学習していきます。

- この言葉は、この言葉と同時に使われることが多い。
- この言葉のあとに、この言葉が使われることが多い。
- この言葉には、この言葉やあの言葉と関連がある。
- この言葉が使われるときには、こういう構文が使われることが多い。

このような、言葉に関するさまざまなルールやパターンを学び、言葉を再構成するのが、AIによって行われるコピー、俳句の作り方となります。

ある言葉がどのように使われているかという用例を集積したデータベースのことを「コーパス」と呼びます。そして、「旅行」から「修学旅行」「京都」「自分探し」「秋」などが連想されるように、その言葉に関わる広い知識を「オントロジー」と呼びます。

これらのデータベース、知識を駆使して、従来のコピーや俳句の「骨格」に言葉をはめ込んでいきます。

　この一連の作業の中で、自ら作ったコピーや俳句の意味をAIが理解しているかというと、そうではありません。法則性をもとにまねをしているだけなので、人間の言葉をまねするオウムやインコと同じかもしれません。オウムたちもまた、自分が発している言葉の意味を知りません。

　AIが人間のコピーや俳句のまねをしているのであれば、マネ元にそっくりなコピーや俳句は作れるようになるでしょうが、はたしてそれを超えるものは作れるのでしょうか？

　まれに、確率のいたずらで、時として人間が思いもつかなかった「組み合わせ」を見せてくれることはあるでしょう。それは、人間がハッとして感心してしまう「組み合わせ」であることもあるでしょう。しかし、それはあくまで偶然の産物であって、人が思いもつかなかったコピーや俳句が、必ずしも面白いものであるとは限りません。というか、ほとんどが使い物にならないモノでしょう。歩留まりはかなり悪いと思われます。

　現在は、大量にランダム生成されたコピーや俳句から、人が面白そうなものを選ぶという方式をとっていますが、これはそれなりにコストのかかる作業です。AIがあまり使い物にならないコピーや俳句を人に見せる前に、自分でフィルタリングして、選者の負担を軽くするという考えもありますが、それでは当初期待していた「人には思いもつかない組み合わせ」を事前に自主規制してしまう可能性があり、それでは本末転倒です。なにより、方法論が単純すぎて、あまりその先の伸びしろを感じないという難点もあります。

　では、それ以外の方法はあるのでしょうか？

この方式でも商売になるのでしょうか？

　つまり、人間のコピーライターのライバルとなるのでしょうか？

　いろいろな疑問がわいてきますが、コピーはAIにとってはかなり良い、最初の学習材料であるかもしれません。

　コピー ＝ 言葉の数が少ない ＝ AIの実装到達が簡単

と考えるのはいささか単純すぎるかもしれません。しかし、広告のコピーは1文字の無駄もない最小の文章であり、それでいて誰にでも理解できる文章であり、何かを説明したり、紹介したり、提案したりするメッセージ性を持つ文章でもあります。AIが言葉や文章、会話を学んでいく第一歩としての条件を満たしており、コピーを題材とするのは理にかなっているでしょう。

　そして、そんな最小の文章を作り出しているコピーライターは、どの職業より1文字単位に注入するエネルギーが多い仕事と言えます。この作業を生業としている方であれば、言葉の選び方、並べ方、構文の作り方などについて、AIの「ランダムに作って、よさげなモノを（人が）選ぶ」方式の次の一手のヒントになるお話を聞けるかもしれません。

　また、言葉をうまくあやつるのに必要な心構えや技術についての知見は、それはきっとAIの学習の役に立つはずです。場合によっては、AIが人間のコピーをお手本とする必要がないという話になるかもしれません。

◆　◆　◆

　ということで、この章では著名なコピーライターである一倉宏さんにお話をお聞きすることができました。一倉さんの名前を知らない方でも「いくぜ、東北。」「あなたと、コンビに」などのコピーはご存じでしょう。ちなみに、コンビニエンスストアの省略形

「コンビニ」を最初に使ったのも一倉さんです。

　それ以外にも、ゲーム好きな人ならMOTHERのコピー「エンディングまで、泣くんじゃない。」、和久井映見がかわいかったサントリー・モルツの「うまいんだな、これがっ。」、湖畔で直立瞑想する猿のCFが衝撃的だったソニーのウォークマンの「音が進化した。人はどうですか。」などたくさんの有名コピーを作られています。

　コピーの第一人者である一倉さんに、言葉を扱うことの楽しさ、難しさ、コツなどをお聞きできればと思います。

人工知能は言葉を話せるか　一倉 宏

■ AIが作るコピーは人の心に刺さるか

　AIといえば、電通がAI技術を使ったコピー（広告文）を自動生成するシステム「AICO（アイコ）」[★1]を開発していて、それが着々と実力をつけていると聞きます。とはいえ、AIがコピーライターの仕事をこなしているというよりは、ものすごい数のコピーの文例を作り出して、その中からクリエイティブディレクターやコピーライターが、面白そうなものを選んでいるのが実際のところでしょう。現時点ではまだ、コピーライターに匹敵するような広告コピーをAIが書いているとは言えないと思います。むしろ、現段階のAIは常識的な人間が書かないような文章を書くことが多いでしょうから、逆にそこに可能性があるとも考えられます。

　たとえば、若手のコピーライターと一緒に仕事をする場合、当たり前の優等生的な案を出すような人は全然役に立たないわけです。CMなどの企画でもそうですが、とんでもない案を出すやつのほうが見所がある。馬鹿馬鹿しいけど使いようによっては使えるかもしれないとか、普通のコピーライターだったら考えないような、ちょっと乱暴だけど面白い、やんちゃな案を出すような若手ですね。ちょっと壊れてるくらいでいい。いまのAIがそういう段階にあると考えたら、過渡期的であるがゆえに面白いと言えるかもしれません。

[★1]　電通は2017年に「AICO」（β版）をリリース。2018年12月には、バナー広告やリスティング広告などに特化した「Direct AICO」を発表した。
http://www.dentsu.co.jp/news/release/2018/1220-009718.html

コピーライターといってもいろいろな仕事がありますから、将来的には広告制作の現場でAIがコピーを書く時代は来ると思います。僕たちは本当にクリエイティブなコピーを書くためにこの仕事をしていますが、実のところコピーライターに依頼される案件の中には、情報をどう整理して伝えるか程度の説明的な作業となる仕事も多いのです。AIによってそれが自動化できれば、実用化されるようになると思います。そういう場面においては、AIがライバルになるかもしれません。必要条件を満たすものを、クライアントが選べばいいだけですから。

　よく「コピーライターになるには、どういう勉強をしたらいいですか？」とか「どんな本を読んだらいいですか？」と聞かれますが、特別な知識や技術が必要なわけではありません。コピーライターが使う「道具」は、平易で一般的な言葉です。そう考えると、あらゆるものがヒントになります。あらゆる表現物、たとえば映画であったり小説であったり、街中の人々の会話であったり。ですから、コピーを書く能力は個人史的であるとも言えます。そもそも言語能力、表現能力というのは、そういうものだと思います。僕であれば、僕の過ごした青春時代があって、育った環境があって、好きなもの嫌いなものがあった。これらの結果として、僕のコピーの源泉となったのでしょう。

■ AIに言葉のニュアンスが理解できるか

　以前作ったコピーに「あなたと、コンビに」というものがあります。このようなコピーのことを、企業の「タグライン」[★2]と言いま

★2　タグラインとは、その企業が提供しているサービスや商品がどのような価値を提供しているのかイメージさせる言葉・フレーズのこと。

す。当時、ファミリーマートの仕事をしていたときに、それまでのタグライン、つまりCMの最後に入るコピーがイメージに合わなくなっていたので変えたい、という依頼がありました。そこから数えると、もう30年くらい使われていますね。

あの頃の新聞では、「コンビニエンスストア」は「CVS」と略して書かれていました。コンビニエンスストアとフルで書くと、見出しが長くなりすぎてしまいますからね。でも、その略称は一般には定着しないだろうなと思っていたところ、若者たちが「コンビニ」って言いはじめていたのです。じゃあそれを使おうと考えて、「コンビ」とのダブルミーニングで「コンビに」という言い回しにしました。そうしたら数年のうちに、NHKでも新聞でも「コンビニ」を用語として使うようになりました。

だから、あのコピーは、「コンビニ」という言葉が一般化するちょっと前に取り込んだのがよかった。一企業が独占しちゃったわけです。ちなみに、コピーは大衆のものですから「口語化」する傾向にあります。そういう意味では、現代日本語の「言文一致」はまだ完成していないと僕は考えています。

いまAIがやろうとしているのは、いわゆる自然言語、どれだけ自然な言語を書けるようにするかということだと思います。自然な文章を書くことは、コピーライターにとって基本的な能力ではありますが、常識的なキャッチフレーズなんて面白くないし、記憶にも残らない。簡単な特定の2つの単語の組み合わせでさえ、文例は無数に考えられますが、AIにはどれがいいのかを判断できないと思います。たとえば「東北」と「行く」を使ったコピーです。

JR東日本のキャンペーン「行くぜ、東北」には、そもそもの発端があります。

2010年12月に東北新幹線が新青森まで全通して、開業告知の

キャンペーンをしました。その翌年、2011年3月には東日本大震災が起きました。何か月もCMが止まったような状況でした。その年の暮れには開業1周年のキャンペーンを予定していたのですが、それよりも「元気を出そう、応援しよう」という気持ちを込めて、あのコピーを提案し、そして採用されたのです。その理由も「気持ち」ですよね。

AIを使って「東北」に「行く」フレーズを作らせたら、ものすごい数の順列組み合わせをやってのけるでしょう。そういう処理はAIは得意中の得意ですから。でも、それぞれの意味やニュアンスがどう変わって、人がどう感じるかまでは計量できません。AIには、その「気持ち」がわからない。

言葉は人間の幸福にも不幸にも作用します。私たちの悩みの多くは、コミュニケーションによるものではないでしょうか。家族でも友達でも気持ちをわかってもらえないとか、ケンカしてしまうとか。人間関係においては、それはとても大きな問題です。実は、企業の悩みもそこにあるのですね。自分たちのことをもっと理解してもらいたい。好きになってもらいたい。そのために広告をするわけです。クライアントという言葉は、広告界においては「スポンサー」ですが、探偵や精神科医にとっては「悩める相談者」なのです。

以前、『ことばになりたい』★3というタイトルの詩集を出したこ

★3 『ことばになりたい』一倉宏著、毎日新聞社、2008年。まえがきの冒頭は以下のとおり。
「できそこないのドラえもん」かもしれない、と思う。
もしも「ことば」を何かに喩えるとしたら。それは、私たちの気持ちをかたちにして、希望を叶えようとして、さみしさを打ち消そうとする何か。けれども、ドラえもんのように万事をうまく解決できるわけではありません。ことばは、ドラえもんよりもっとぶきっちょで、もっと原始的なシステムだから。

とがあります。そのまえがきに、言葉は「できそこないのドラえもん」みたいなものだという説を書きました。言葉がうまいとかヘタとか言いますが、言葉は基本的に誰もが普通に使えて、用件とか注文とか誰でも伝えられるし、それこそ宇宙の仕組みを説明することもできます。でも、自分のコミュニケーション能力、言葉の能力に満足している人ってほとんどいないと思います。

「なんで伝わらないんだろう」とか「どうせわかってくれないんだろうな」と言いながら、それを「言葉」という「ドラえもん」のせいにする。「言葉ではうまく言えない」とか言って。だから、言葉は万能ではない、「できそこないのドラえもん」なのです。

この説はなかなか好評でした。兵庫の名門中学、灘中学校の入試問題にも採用されました。

■ 言葉のコミュニケーションと感情移入

私たちはマンガやアニメのキャラクターなど、時として存在しないものともコミュニケーションできるような感覚を持つことがあります。それは、感情移入や妄想の現れなのでしょうが、日本に

は昔からそういう文化があったのだと思います。たとえば、『源氏物語』の光源氏はプレイボーイだけど、女性たちにとってのアイドルだった。『源氏物語』の中には光源氏の相手役として登場する女性たちがたくさんいて、「私は誰が好き」と語り合うような対象にもなってゆく。本当にただのストーリー上の登場人物たちに過ぎないのに。実は、主人公の光源氏自身がそう批評しています。まさにメタレベルの小説です。

　日本の古典文学を読むと、そういった感情移入の描写がたくさん見られます。『堤中納言物語』の「蟲愛づる姫君」は、虫がすごく好きだったという、当時としてはすごい変人の姫君です。これは、おそらく「ナウシカ」のモデルになっていますよね。宮崎アニメには、そういう主人公が多い気がします。

　ダグラス・R・ホフスタッターとダニエル・C・デネット編著の『マインズ・アイ』という本で、こんな小説が紹介されています★4。動物みたいな動きをする小さなロボットがいて、(それは機械で生物ではないのですが)ハンマーで叩き壊すことができるか、というテーマの掌編です。そして、実行した女性は涙を流し、壊れたロボットからは赤い機械油が流れたという結末です。

　生命と機械の間にはどんな境界があるのか。機械にも2次元の絵にも、感情移入してしまえば上の掌編のような結果になります。偶像化ですね。偶像はアイドル、みんなアイドルが好き。最近のラブドールとか、すごいですね。そこにAIが搭載されて、簡単な会話でもするようになったら、完全なる疑似恋愛が起きるでしょう。

★4　第8章「動物マークⅢの魂」(テレル・ミーダナー作)より。邦訳はTBSブリタニカ(坂本百大監訳、1984年／新装版1992年)。

僕が大学生のときは日本文学を専攻していて、万葉集についての卒論を書きました。稚拙なものですが、テーマは「言霊」です。言霊について「こと」は「言」で「事」でもあったとか、一般に説明されますが。それをもう少し実証的に考えようとしたものです。けれども、いまに通じることもある。万葉集の冒頭に置かれた歌では、天皇がある女性に名前を尋ねます。それは求婚を意味します。名前を教えることは、それを承諾したことになります。「名前＝言葉」が、実体そのものと等しいとする。その風習も言霊信仰の一例とされてきました。

　でも、どうでしょうか。いまでも渋谷のセンター街にいる女子高生が、見ず知らずの人に「名前を教えてください」と言われたら。多分教えることをためらうのではないでしょうか。ほかにも、自分の家族や大切な人の写真、名前を書いた紙を破いてみろと言われても、みんな抵抗するでしょう。先ほど紹介した小説と同じです。私たちは「もの」にも感情移入しますし、「こと」にも感情移入します。言葉にも「たま＝いのち」を感じるのです。

　これからは、自然なコミュニケーションをとれるAIの開発が進んでいくでしょう。みんな、さびしがりだから。実際、人と他愛のないおしゃべりをするAIなら難しくない。僕らが普段話している会話って大体は他愛のないことで、しかも文法なんてめちゃくちゃです。たとえば「なんか飲みたい」でも「飲みたい冷えたの」でもいい。口語では助詞とか省略するし、語順も変わります。すでに、スマートスピーカーがそれに近づいています。一定の範囲内のことなら会話にもなるでしょう。ただ、「雑談してよ」と言われても、それはまだ難しい。学習能力が高まれば、短い言葉でのやり取りならば可能かもしれません。日常会話の文はそんなに長くないですからね。

その昔、パナソニックの仕事をしていたときに、音声で操作するマッサージ機を作ってほしいと言ったことがあります。「もっと上」とか「そこそこ」、「ちょっと痛い」などの言葉を認識すれば、リモコンなしで操作できますよね。いまなら簡単に作れると思います。もう少ししたらAIのほうから「今日は右肩がこっていますね」とか「これから寒くなりますよ」くらいは、しゃべれるようになるでしょう。そして、そのマッサージ機が壊れてしまったら。人は泣くかもしれません。

AIはクリエイティブな仕事ができるか

AIは使い方次第です。"AIコピーライター"にも、それは言えるでしょう。たとえば、キャンペーンのスローガンには2語文のものが多くて、これは、幼児が単語だけ話す、その次の段階と同じです。「おかあさん、いない」とか「ごはん、食べたい」とか。それでやっと文章になる。コピーはコミュニケーションのスピードと効率を求めるものなので、幼児の言葉に近づいてきます。先ほどの「あなたと、コンビに」も、「行くぜ、東北」もそうです。そういうテーマを与えてAIに作らせたら1万でも2万でも生成するでしょうし、その中には使えるコピーがあることも予想できます。ただ、いまのところは、その中から探すよりは、人間が考えたほうが効率がいいのは間違いない。「てにをは」と語順が違うくらいのものが大量に生成されて、そこからいいのを探し出してくださいと言われても、ちょっと困ってしまいます。

やはり、クリエイティブよりも、情報の整理とか伝達を重視する質の仕事においてなら、AIコピーライターは実用化されていくのでしょう。すでにいまでも、簡単なスポーツ記事や天気予報のように定型化された文章なら、人間の記者が書いたのかAIが書い

たのかの見分けがつかない段階にきているとも聞きます。しかし、その先の段階はまだよく見えません。どのような方向に進むのでしょうか。

振り返れば、自動翻訳も昔は全然使いものにならなかったのが、いまは精度が上がっています。入力ソフトも進化しましたね。それと同じようにAIも、ひたすら文案を変換の候補のように出す程度だったのが、よりクリエイティブに進化していくことはあり得るでしょう。とはいえ、僕らの仕事が脅かされるくらいまでになる頃には、僕はこの仕事を引退しているかもしれません。

■ AIは言葉が持つ背景を理解できるか

コピーは近道を探します。それは一種の美意識とも言えます。たとえば、理系の数式における最高のほめ言葉は「エレガント」です。それこそ$E=mc^2$というのは最高にエレガントなわけですよね。オッカムの剃刀[★5]ではありませんが、複雑な数式である必要はないという。それは感覚としてすごくよくわかります。羽生名人も「美しい形」「美しい将棋」ということを言っていますね。

コピーライターの仕事でも、それに似た感覚があります。どんなクライアントなのか、現在の状況や商品の詳細など、さまざまな情報や条件が与えられて、そこから最適なコピーを探します。解くべき方程式は、なるべくシンプルなほうがいい。数式の美しさやエレガンスを目指すのに近いと思う。

僕にとっての最適解は、言語化する前の段階で浮かんだ、あるイメージの中にあります。イメージが浮かばなければ、先に進む

[★5] ある物事の説明に不要なものは削除すべきという考え方。14世紀の英国のスコラ哲学者、ウィリアム・オッカムの言葉に由来する。

のはかなり難しい。それが見えれば、あとは詰めというか言語化する作業になります。それは本当にイメージとしか言えない領域の話になります。イメージが見えてくるのはかなり場数を踏んでからで、そうなるためには、あらゆる場合を想定してシミュレーションする作業を無数にこなしていかないといけません。「このあたりに答えはなくて、多分このへんが一番いい答えだろうな。それができればいいんだな」というイメージが大切です。エレガントまで達することは滅多にありませんが。それは将棋をずっとやっていた人が、良い手が自然と見えてくることに似た感覚だと思います。

　もし、ここに若手が書いたコピー100案を出されたとしたら、ひとつひとつを読まなくても、1分くらい見ていれば、その中でいいコピーを探せると思います。ほとんど直感です。つまり、意味では見ていないということです。それはやっぱりそういう訓練を自分がやってきたからだと思います。

　「エレガント」問題では、先輩にあたる仲畑貴志という名コピーライターが書いた名コピーが思い出されます。丸井のギフトで「好きだから、あげる。」というコピーです。理由は「好きだから」、その人に「あげる」。

　これはすごく衝撃的でした。それまでのギフトは、「真心」とか「ハート」とか「愛」とか格好つけていたのを、光速で振り切った。A地点とB地点を結ぶ最短距離を見つけたのです。つまり直線です。これがエレガントな答えです。おそらく、AIがこのコピーを書くことも可能です。ただし、何万という解の1つとしてですが。

　その後、僕も同じ仕事を担当しましたが、丸井のギフトのコピーで、この分野に関しての最適解が出てしまったのだなと痛感しました。なかなか書けませんでした。それで、「言葉がヘタだから」

という、スローカーブなコピーを書きました。

　言葉が持つ訴求力は、その言葉の背景からやってきます。僕の「きれいなおねえさんは、好きですか。」という美容家電のコピーもそうです。「きれいなおねえさん」は、子どももおじさんもみんな好きだという計算がありましたが、案の定ものすごく反響がありました。似た意味の言葉を探せば、「美しい大人の女性」や「素敵な年上の人」など、組み合わせを含めたらたくさんの候補が出てくるはずです。AIならそれらを順列・組み合わせで全部書き出すと思いますが、その中でも「きれいなおねえさん」が飛び抜けて印象的なのは、そこから膨らむ色々なイメージや妄想がひもづくからだと思います。意味だけで語彙を分類するならば、ほぼ他の言葉と同じなのですが。

■ 解明が困難な言語習得のしくみ

　言葉というのは本当に不思議なものです。各言語を比較したり

文法や系統を調べたりする言語学とか、哲学や論理学、心理学や脳科学とか、ノーム・チョムスキーの理論とか、さまざまな学問分野はあっても、言葉についての総合的な科学と言えるものは見当たりません。

　まだ解き明かされていないことがたくさんあります。不思議なことに、子どもは親とのやりとりだけで、ほぼ言葉の基本を覚えて使えるようになってしまいます。その発達の過程を、うまく電子的に置き換えられればAIも人間と同じように言語を操らせることができるはずですが、仕組みがまだ十分にわかっていないのが現状でしょう。発達心理学でいえば、語彙爆発（ボキャブラリー・エクスプロージョン）と呼ばれる、2歳前後で使える語彙（使用語彙）が急激に増える時期があります。これは言語による違いもなく万国共通なのですが、それが脳の発達によるものなのか学習の機能によるものなのかもまだわかっていません。おそらく、現在のAIがやっていることも試行錯誤で、とにかくテキストを流し込んで自然言語処理をしているにすぎないのだと思います。

■ AIは俳句を詠めるか

　最近は、AIに俳句を作らせるプロジェクトもあるようです。俳句はたぶん結構それらしいのができると思います。基本的に字数と定型、季語というルールがあるので、コピーよりもっと得意でしょう。こんなことを言うと俳句界の人々に怒られるかもしれませんが。戦後に桑原武夫が「第二芸術──現代俳句について」[★6]という論文を発表して大変な論争になりました。桑原の論は、無名の人と有名俳人の作った俳句を並べて見せ、優劣を見分けることが

★6　岩波書店の雑誌『世界』1946年11月号に掲載された。

できないので、俳句は正当な芸術たる文学とは言えないと断じたものでした。これはなかなか反論が難しく、いまでも決着はついていないのではないでしょうか。たとえば、AIが作った俳句を入れたらどうなるのだろうと思ったりします。

実は、僕自身も句会に参加したりしているのですが、有名な俳人の作品と新聞の投稿欄に載る素人の作品と、作者名を隠したら正直なところ見分ける自信はありません。それだけの鑑賞眼と言われれば、そのとおりですが。ただ、短歌になると明らかに両者の差がわかると思います。たぶんそれは五七五から五七五七七になっただけで、言葉の組み合わせが指数関数的に増えるからだと思います。ということは。「〇〇は〇〇だ」というような（ほぼ）2語文のコピーでは、AIにも2歳の幼児にも可能性があることにもなります。

■ 言葉を学んだ先にあるもの

ところで、コピーライターも含めて物を書く人が、ちょっといつもとは違う言葉と言葉の組み合わせや言い回しを探したいとき、いわゆる類義語辞典、シソーラスはほとんど役に立ちません。それはなぜかというと、類似の、近い意味での分類しかされていないからです。僕たちが探したいのは、そうではない飛躍です。その意味では、国立国語研究所の『分類語彙表』★7 がいちばん参考になると思います。これは意味というより、属性などでクールに分類したデータです（図2-1）。でも、これでさえも「あ、こんな言葉があったか」という発見はあまり期待できません。その発見は自

★7 『分類語彙表　増補改訂版』（大日本図書、2004年）のデジタルデータは、学術研究用として無償で利用することが可能。
https://pj.ninjal.ac.jp/corpus_center/goihyo.html

分の中にしかない。僕の言語能力の源をたどるなら、おそらく僕が若い頃に出会った文学、詩なのだと思います。言葉というのはどうしても常識の塊になりがちですが、詩はそこから逸脱させてくれます。自発的になにかを表現したくなる10代の頃に詩というものから受けた影響は僕にとって大きいものでした。

3.1345　美醜

01　美しい　美的　ビューティフル　美美しい
　　きれい　小ぎれい
　　目もあやに
02　優美　醇美　絶美　壮美　精美　秀美　美妙　妖美
　　優しい［〜曲線］
03　麗 (うるわ) しい　麗 (うるわ) しの［〜君］　華麗　美麗　流麗　秀麗　豊麗
　　艶麗　典麗
04　きらびやか　絢爛　燦爛　爛漫　あでやか　あで
　　はで　華やか　はでやか　華美　花の［〜かんばせ・〜都］
　　はではでしい　麗麗しい
05　艶　豊艶　妖艶　濃艶　凄艶
06　端正　端麗　楚楚　清楚
　　優雅　窈窕 (ようちょう)
　　繊細
07　清い　清らか　清潔
　　純粋　無垢 (むく)　混じり気のない
08　見よい　見目よい　見た目のよい　見てくれのよい　見栄えのする
　　　見場のよい
　　風采のよい　身ぎれい　りゅうと［〜した］
　　写真映りのよい　フォトジェニック
　　器量のよい　ハンサム　眉目秀麗
　　苦み走った　花も恥じらう　薄皮のむけた

（以下略）

図2-1　『分類語彙表』のサンプル：項目「美醜」の一部

『分類語彙表』は、現代日本語を意味によって分類した語彙集。意味が記述されていないため類語辞典とは呼ばない。収録されている語は「体の類」（名詞）、「用の類」（動詞）、「相の類」（形容詞・形容動詞、副詞）、「その他」（接続詞、感動詞など）の4つに大別され、系統的に配列・記述されている。上図では分類番号3.1345の項目「美醜」の一部を掲載している。意味的にグルーピングできるものに対しては「01、02、…」と番号を振って記述している。

参考：「分類語彙表」『日本語学大辞典』日本語学会編、東京堂出版、2018年

子どもが親から言葉を学ぶことで、自己表現を始めると同時に社会常識も教わります。言葉はすべてルールで、掟の塊みたいなものです。自由勝手な表現は通じず、常識的な思考が組み立てられていきます。学校教育もそれに加担しています。でも、詩は壊れていていい。しかし、言葉は壊すことが難しい。一度完成されたものを壊していくのは、すごく大変なことです。それをできるのは想像力であり、そこに生まれるのが創造です。AIと言葉をめぐる本当の問題は、ここから始まり、ここへと還ってゆくに違いありません。

◆　◆　◆

　本文校了の直後に、新元号の発表がありました。典拠は万葉集「梅花歌三十二首」序文ということです。この序の最後のほうに「翰苑（詩文・言葉）でなければ、情（こころ）を述べることはできない」という意味の一文がありました。なんとも不思議な偶然に驚き、追記しておきます。

第 3 章

AIでゲームは強くなるのか

伊藤毅志 [電気通信大学准教授]

前説 —— 森川幸人

「シンギュラリティ」という言葉はもともと物理学の用語で、日本語に訳すと「特異点」となります。物理学で言う「特異点」とは、ブラックホールや宇宙の誕生時のような無限に小さい空間に無限に大きなエネルギーがある「点」ということになります。

この「点」はどんな性質であるか、どのような物理法則が成り立っているのか、現在の物理学では解明できていません。そういう特異な場所であるということです。現在の物理学が「特異点」の存在を導き出されているのに、そこが何であるか、どんな振る舞いをするのか、そしておそらく我々が知っている物理法則が成り立たないであろうと思われているというのは、なんとも皮肉な話です。

これに対してAIがらみの話でよく目にする「シンギュラリティ」は、前述の物理学のシンギュラリティと区別して、「技術的特異点」と呼ばれます。「技術的特異点」という言葉を提唱したのは、アメリカの未来学者であるレイ・カーツワイルです。

「AIのシンギュラリティ」はすでに起こっているのでしょうか？ シンギュラリティによって、AIはいつの日か人を超えるのでしょうか？

「シンギュラリティ」という言葉をうんと狭く考え、「AIが人間の能力を超えてしまい、AIが何を考えているのか人間は理解できない状態」と言うなら、答えはイエスでありノーでもあります。つまり、イエスのジャンルもあれば、ノーのジャンルもあるということです。

◆ ◆ ◆

ご存じのように、チェスや将棋や囲碁の世界では、すでにAIが人間のトッププロに勝利しています。アルファ碁（AlphaGo）という名前をお聞きになったことがある人も多いでしょう。囲碁は盤面が広く、コマの個性もないのですが（将棋は駒によっていろいろな役割があります）、場面や戦略のバリエーションがたくさんあって、とても調べつくせないので、AIが人間に勝つまでは10年以上かかるだろう（2015年当時）と言われていました。

　ちなみに囲碁の場合、勝負がつくまでのパターン（場合分け）は、10の360乗通り（1の後に0が360個つく）あると言われています（諸説あります）。宇宙が生まれてから今日まで、まだ、10の18乗秒程度ですから、これがいかに膨大な数かわかります。

　ところが、2015年、アルファ碁が当時の囲碁のトッププロである李世ドル（い・せどる）に4勝1敗で勝利してしまいました。将棋はそれより少し早く2013年にPonanza（ポナンザ）というコンピュータ将棋が、プロ棋士に勝っています。さらにそれより前に、オセロやチェスも、AIのほうが人間より強くなっています。

　ところで、チェスや将棋、囲碁のように相手のコマがすべて見られる、相手の手も見られる、そこにサイコロを振るなどの運の要素がないゲーム、つまり相手の情報と行動のすべてが「完全に」わかるゲームのことを「完全情報ゲーム」と言います。

　麻雀やポーカーのように、相手の手がすべて見えなかったり、引き運がからむようなゲームは完全情報ゲームではありません。そのような、相手の情報が不完全にしかわからないゲームを「不完全情報ゲーム」と言います。

　完全情報ゲームは、すでにAIのほうが人間よりも強くなっています。アルファ碁などは、数字上のシミュレーションを繰り返して学習していくニューラルネットワークタイプのAIなので、中を開

いたところで、そこは単なる数字の羅列にすぎず、AIがなぜその考えに至ったか、あるいはどういう方法で勉強していったか、盤面をどう理解しているのかなどを読み出すことができません。しかし経験的に、AIがわたしたち人間よりも正しい判断をしているに違いないので、それに従うというか受け入れるしかないという状況になっています。

　すでに将棋や囲碁では、AIが生み出した新しい定石が生まれています。AIが人間には理解できないレベルの知能をもち、人はAIに従うよりほかない。そういう意味では、完全情報ゲームという分野では、いち早くシンギュラリティを迎えていると言うことができます。ただし、まだ、同じゲームでもポーカーや麻雀のような「不完全情報ゲーム」などでは、一部のルールを除いてまだまだ人間のほうが強いようです。

　ゲーム以外のことで言えば、AIが人間より勝っているジャンルというのは、まだまだ少ないようです。将来的に、仮にシンギュラリティが起こるとしても、このように、ジャンルごとにまだらに起こっていくに違いありません。

◆　◆　◆

　アルファ碁は、最初は人間の残した棋譜で勉強し、そのあとは自分同士で切磋琢磨しながら学習していきます。自分同士で学習するというあたりは、人間にはまねできない勉強法ですが、アルファ碁は、ある意味個性を持っているので、同じアルファ碁同士でも違う結論を導く可能性があり、自分同士の対戦というのが成り立つわけです。

　棋譜で言えば、こういうシチュエーションではここに打つといった、例題とその模範解答のセットを「教師信号」と呼びます。そ

のようなたくさんの教師信号を参考にして学習をする学習方法を「教師あり学習」と呼びます。ディープラーニングに代表される、脳をモデルにしたニューラルネットワークのAIの多くは「教師あり学習」によって学習します。

　アルファ碁も最初は教師信号（＝人間の棋譜）を使って学習します。しかしある程度学習が進んだ時点で、自分たち同士で学習をします。このときは、教師信号を利用しません。とりあえず、適当に打ってみる。そしてとりあえず、最後まで打ってみる。その結果（勝ち負け）をもとに、ああ、あの手は良かったんだな（あるいは、悪かったんだな）、じゃあ、次はこう打とうという感じで学習していきます。

　このように教師信号を利用しないで、自分で試行錯誤しながら、良かったことは覚え、悪かったことはやらないようにするという学習方法を「教師なし学習」と言います。その代表的な学習方法が「強化学習」です。そんな行き当たりばったりの学習でうまくいくのかと思われるかもしれませんが、モンテカルロ木探索などのアルゴリズムの発展により、かなりうまくいくようになってきました。

　ちなみにアルファ碁は、棋譜をもとにした勉強と自分同士の対戦で、3000万のシチュエーションを学習したと言われています。人間の寿命をだいたい80年と考えると、一生はだいたい25億2000万秒となります。3000万のシチュエーションで打つとすると、生まれた瞬間から、一生に1回もご飯タイムもトイレタイムもなく、1秒も休まず寝ないで打っても、約84秒に1回打たなければならないことになります。3000万のシチュエーションを打つなどというのは到底人間にはまねできません。

　アルファ碁は、「アルファ碁Fan」「アルファ碁Lee」「アルファ

碁Master」「アルファ碁Zero」の4つの世代があります。前3つの世代は、まず人間の棋譜をもとに「教師あり学習」をした後、自分同士で「教師なし学習」をして賢くなっていきましたが、4代目のアルファ碁Zeroでは、ついに、人間の棋譜を使わないで、いきなり自分だけで勉強を始めました。つまり、「教師なし学習」だけで学習をしました。

　アルファ碁Zeroは、囲碁のルールを教えられることもなく、あるシチュエーションでどういう手がいいとか悪いとかなどを一切教えてもらえず、結果だけを頼りに、自分であーだこーだ試行錯誤しながら戦略を学んでいきました。

　アルファ碁一族を開発したDeepMindのCEOのデミス・ハサビスによれば、アルファ碁Zeroは、人間の先生を必要としないため、人間の知識の限界を突破できると言っています。まさしくシンギュラリティです。また4代目のアルファ碁Zeroは、3代目のアルファ碁Masterとの対戦で、100戦して89勝11敗と圧倒的な勝利を収めました。人間という先生がいないほうが強いという事実は驚愕ですし、少しせつなくもあります。

　現在では、アルファ碁Zeroのさらに進化版の「アルファZero」というAIがあります（みんな名前が似てて困ります）。前4代は、囲碁専用のAIでしたが、最新のアルファZeroは、オセロだろうとチェスだろうと将棋だろうと囲碁だろうと2人対戦の「完全情報ゲーム」であれば、なんでも学習することができます。そして人間より強いです。

　これまでのAIは特化型であることが多く、従来のアルファ碁は、囲碁やチェスを学習できなかったばかりか、囲碁でも、盤面が少し広くなったり、ルールが少し変更になるだけで、それに対応することができませんでした。それを思うと、ルールや盤面の

大きさが変更になっても大丈夫、どのゲーム（と言っても今のところ、「完全情報ゲーム」だけですが）でも学習できる、しかも、先生がいらないAIというのは、それだけでも驚異的です。

◆　◆　◆

　さて、話を将棋に戻します。
　将棋も今ではAIのほうが人間のプロより強いです。では、プロの棋士の仕事はなくなったでしょうか？　将棋の人気は盛り下がったでしょうか？
　そんなことはありません。プロの棋士たちはAIの見つけ出した新しい戦法を研究し、理解し、実戦に応用しています。よき相棒、ブレーンとして将棋AIを利用しているのです。
　それだけでなく、プロ棋士と将棋AIがペアとなってダブルスをすることすらあります。実は、たまたま正月番組などで、人間棋士と将棋AIのペアの将棋対戦を観ました。人間と将棋AIのペアでは、実際に打つのは人間となります。将棋AIは、次の一手の候補を示すのみです。人間棋士は、将棋AIが出した候補と自分自身で思いついた手の中から好きな手を選ぶことができます。
　客観的に言えば、将棋AIのほうが盤面の解析や最適な手を見つけ出すのがうまいわけですから、その手を受け入れるだけでよいわけですが、プライドや不安、直感、美学などいろいろな要素がからんで将棋AIが示す候補を必ずしも選ばないわけです。人間棋士の一手はたまに劇的な成功をしますが、たいがいは予想どおり失敗するわけです。
　しかし、そんな将棋AIと人間棋士のやりとりがすごくほほえましく、シンギュラリティってものがあったとしても、こんな感じになるんじゃないかな、と思えたのです。つまり、人間かAIかの選

択ではなく、人間とAIの共存は成り立つ、AIは先生であり相談役であり友だちでありえる、と。そして、それは将棋の世界だけの話じゃなさそうだ、真っ先にシンギュラリティを迎えた将棋がそれを教えてくれているのだ、と感じました。

　そういう予感は正しいのか？　それ以前に、なぜプロの棋士の仕事はなくならないのか？　AIが完全に強いとわかっても、なぜ将棋の魅力は減らないのか？

　そのあたりについて、長らく将棋AIを研究されてきた伊藤毅志電通大准教授にお聞きすることができました。お聞きした時期がちょうど藤井聡太プロが連勝新記録を作ったあとくらいでしたので、デジタル将棋ネイチャーと言われる藤井プロは将棋AIがあったことがどう影響したのか、これからも将棋AIで鍛えられたプロが登場するのかなどもお聞きしました。

　最近、伊藤先生は、カーリングへのAIの利用を研究されてますので、そのあたりのお話もうかがっています。

AIでゲームは強くなるのか　伊藤毅志

■ 将棋の肝は「読み」と「大局観」

　最初に、AIと将棋の関係についてお話しましょう。ここ数年大変活躍している藤井聡太七段は、コンピュータ将棋によって強くなった「デジタル将棋ネイチャー」と言われることもありますが、私は彼の強さはAIによるものだけではないと思っています。むしろ、AIによってもう一つの武器を身につけたということだと思っています。

　将棋の強さは、「読み」と「大局観」という2つの能力によって支えられています。「読み」とは先の局面を正確に読む能力です。藤井さんはもともと詰将棋が非常に強かったことが知られています。2019年に詰将棋解答選手権チャンピオン戦で5連覇を達成しましたが、これはとてつもない記録です。この詰将棋解答選手権は、詰将棋に自信のあるプロ棋士も大勢参加する大会で、小学生の藤井少年が優勝したというだけでもすごいことなのに、その後4連覇も達成したのです。特に2018年の大会では、1問解くことですら困難な超難解な詰将棋を全問正解しただけでなく、制限時間をかなり残していました。このことからも彼が飛び抜けた正確な先読み能力を持っていることがわかります。

　もうひとつの能力が「大局観」です。これは経験的知識の蓄積によって獲得されると考えられます。大局観を獲得しようとしたら、昔はたくさんの強い人の棋譜を並べたり、研究会という形で自分と同等以上の人と対戦したりするなどして、多くの経験を通して磨いていくほかありませんでした。

　それを体系化し始めたのが、「羽生世代」（1970年前後生まれ）

と呼ばれる人たちでした。羽生世代が現れた頃は、ちょうどPCの普及に伴って、棋譜の電子化が行われるようになった頃です。

　それまでは、強い人の棋譜は手書きのものをコピーして入手するしかありませんでした。さらに前の世代ではコピー機すらなく、手書きで棋譜を書き写していた時期もあったそうです。PCの登場により、棋譜はデータとして整理され、羽生世代は序盤から中盤の入り口を体系的に捉えて、それをシステムと言われる定跡手順として体系化しはじめたのです。昭和の頃は、「それも一局、これも一局」と言われていた局面が徐々に整備されたのです。それが、羽生世代の強さを支えた一因でもありました。

■ AIと将棋の強さの関係

　最近の若手はAIを使って将棋の練習をするようになったと言われていますが、初期の藤井さんは、師匠の杉本昌隆七段に「人間同士の対局の勝負の呼吸を学ぶためには、AIに頼るのは良くない」と言われていて、AIを使わずに勉強していたそうです。

　これは一面の真理だと思います。実際、藤井さんの勝負術は対人間戦によって磨かれたことは間違いありません。しかし、ある時点からAIを使い始めたところ、藤井さんの序盤は急速に進歩したと言われています。

　AIの何が便利かというと、その時々の局面に対して「こちらのほうが何点良い」とAIの評価を数値的に見せてくれる点です。今のコンピュータは一般にほとんどの局面で人間よりも正確に評価することができます。そのAIが、その局面を数値的に評価してくれるわけです。人間はAIが示す結果から、その局面がどうして良いのかを考えることで、良い局面とそうでないものを、簡単にかなり正確に分類できるようになったのです。今やコンピュータを

第3章 AIでゲームは強くなるのか

使って将棋の勉強をすることは、ごく当たり前になっています。

　アマチュアの世界では、もう10年ほど前からAIをスパーリングパートナーのように使うということが始められていました。アマチュアよりも強いプロ棋士がAIを使って大局観を磨くようになれば、当然棋力は伸びることが想像されます。それが棋界全体の序盤能力の底上げになっているのだと思います。

　昔は強いプロ棋士を中心に集まって研究会が行われ、本当にそれで良くなるのかどうかを実際に対戦するなどして検証し、その経験によって手の良し悪しを学んでいくほかありませんでしたが、今はAIに聞けばすぐに手の良し悪しがわかるようになったのです。つまり、将棋の大局観を学ぶ道具としてのAIを手に入れたわけです。

　しかし、AIが藤井さんを生み出した、あるいは今後AIを使って藤井さんのように強い棋士が量産されるということではないと思います。藤井さんは元々読む力が相当に強かった。そこに、さらに勉強するための武器としてAIを活用できたので、羽生世代の頃とは違う形で強くなっているのだということだと思います。

　今は若手がAIを使って序盤の感覚を磨いているので、羽生世代

がちょっと苦戦し始めています。だからといって、簡単には羽生さんに勝つことができないのは、終盤になると正確な終盤力のある羽生さんに逆転されてしまうからです。やはり将棋は最後に詰むか詰まないかで勝負が決まります。最後に間違えたほうがゲームに負けるのです。大山康晴という大名人の言葉に「一度目のチャンスは見送る」というものがあります。ちょっと常人には理解できない言葉ですが、一度目に相手がミスをしたときに、それを見送ったとしても、それほど大きな問題ではない、そんなところであわてて飛びつかなくても、あとで逆転できるという意味ではないかと考えると、この言葉の意味はわかってきます。歴代の名人は終盤がものすごく強い。藤井さんの強さもまた、終盤で発揮される正確な終盤力に支えられていると思います。その上に、AIによる序盤の強さも身につけたので、まさに鬼に金棒のような状態になったのだと言えるでしょう。

■ ハードウェアの進歩が人を超えるAIを作る

　人間プレイヤーの強さの秘密が「読み」と「大局観」であったように、コンピュータ将棋の開発の二本柱は、「探索の高速化」と「評価関数の機械学習」であると言えます。なかでも最近のコンピュータ将棋の強さの大きな要因は、この機械学習であると言えるでしょう。

　その手法は、局面における駒の良い位置関係をコンピュータに学習させるという形で行われます。ただ、すべての駒の組み合わせについて考えるのは非効率なので、最小限の単位である3つの駒の関係に着目して、良い形というものを学習させていきました。プロ棋士のような強い棋士の棋譜をこのような手法で学習させると、「こういう駒の位置関係は良い位置関係なのだ」というような

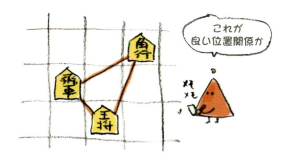

プロ棋士に似た評価関数が形成されていきます。このように3つの駒を最小単位とし、良い形と悪い形の評価関数で最適化させることを考案したのは、この手法の先駆的プログラム「Bonanza」（ボナンザ）を開発した保木邦仁さん（現電気通信大学大学院准教授）でした。彼は3つの駒の関係を、自分の駒だけではなく相手の駒の位置関係も含めて、ひたすらAIに学習させました。

　Bonanzaを開発した当時の保木さんは、トロント大学で化学の研究をしており、実は将棋の知識もあまりありませんでした。それまでのコンピュータ将棋の世界では、良い駒の配置を人間が手作業で書いていたので、当時の強いプログラムの開発者は少なくとも将棋のアマチュア初段ぐらいの知識がないと強いAIの開発はできないと考えられていました。しかし保木さん自身は将棋の知識がほとんどなかったので、コンピュータ自らに学習してもらおうと考えたのです。

　機械学習に関しては、1980年代以前から試みられてきましたが、多くは失敗の歴史でした。そのため、コンピュータ将棋の関係者は、将棋の局面の評価関数を機械学習させることはできないと思い込んでいたところがあります。また、昔はハードウェア面で

の制約もありました。保木さんとまったく同じ機械学習の手法を80年代にやろうとしても、ハードウェア性能の問題から実現できなかっただろうと思います。保木さんは1996年頃に、当時としてはスペックの高い高速のマシンで3駒間のパラメータ調整をしましたが、その処理には3～4か月かかったそうです。ですから80年代の時点では、何年かけたところで学習は完了しなかっただろうと予想されます。

　私も2010年頃に「Bonanza Feliz」(ボナンザフェリス)というプログラムの開発でご一緒しましたが、Bonanza Felizでは、3駒の位置関係の学習のために約1億個のパラメータを、コンピュータの中で自動的に最適化するというものでした。これを人間が手作業で調整するのは到底ありえないことです。今は、コンピュータが示した手をプロ棋士が真似ることで勝ちを収めることもありますし、コンピュータが定跡や戦略に関する新しい考え方を見つけるということもあります。コンピュータが人間の棋譜から評価関数を学んでいた逆のことが、今まさに起こっています。

　サイコロを使って遊ぶバックギャモンというゲームがあります。バックギャモンの世界では、少なくとも1990年代にはコンピュータが人間を超えていて、コンピュータをお手本にすることが当たり前になっています。最近のバックギャモンの大会では、コンピュータがどの手を選ぶかを見ながら解説するのは当たり前で、多くのプレイヤーもコンピュータを使って学習しています。今やバックギャモンのコンピュータは、ほぼ最善に近い手を選べるようになっています。ですから、人間の手がコンピュータとどれだけ近いかということが、その人の強さを測る尺度にさえなっています。コンピュータの手に比べてどれくらい悪い手を選んだのかは「エラーレート」という指標で定義されており、そのエラーレートの低

さを競うバックギャモンの大会もあるくらいです。将棋でもいずれ近いうちにそういう時代が来るのではないかと思いますが、そのためにはコンピュータ将棋が十分に強くならなければいけないと思います。人間に対して圧倒的な強さでないとエラーレートの議論をしてもあまり意味がありませんから。

■ テクノロジーがゲームのルールを変える？

　コンピュータ将棋同士の対戦の面白さとは何なのでしょうか。それを作っている人の思いや、どんな技術が使われているのかといったバックグラウンドに、人間臭いドラマや開発秘話のようなものがあると、より面白さが醸成されます。コンピュータ同士の対戦に興味がないという人も、一度コンピュータ将棋選手権の会場の様子を動画サイトなどでご覧いただくと、プログラマー同士の人間模様が垣間見ることができて、見方が変わるんじゃないかと思います。コンピュータの意図せぬ動作に一喜一憂する開発者の姿を見ると、コンピュータ将棋の背景を感じることができるのではないかと思います。

　一方で、人間が考えもしない手を指すことも、コンピュータ将棋の醍醐味のひとつです。ちょっと前までは、トッププロ棋士だけが将棋界をリードする人たちでしたが、今はコンピュータのほうが、人間同士の戦いよりも優れた対戦を見せてくれるわけです。「この手は人間にはとても指せませんね」などとプロの解説者が話すたびに、コンピュータ将棋の真価を見る思いがあります。

　このようにゲームの面白さは、人間らしいドラマと人の能力の限界を超えたスーパープレイという二面があると思うのですが、後者だけのことを考えると、もう人間は勝負にならないのかもしれません。もしかすると人間は人間くさいドラマを見せることでし

か勝負ができないということなってしまうのかもしれません。

「コンピュータが強くなったことで、プロ棋士の存在意義はなくなりますか？」という問いをよく投げかけられます。その問いに対しては、ちょっと前までは「大丈夫です」と答えていましたが、最近では自信を持ってそう答えられなくなってきました。

バックギャモンのように、コンピュータで学んだ人たちが、いかにコンピュータに近い手を指すかが評価の指標になってきたときに、ゲームとしての自由度は奪われていると感じます。頂点を極めるというときに答えが一つに近づいてくることはやむを得ないことなのかもしれませんが、ゲームとしての面白さの一つとして、「プレイの自由度」というものがあると私は感じています。将棋や囲碁で言えば「棋風」と呼ばれるものです。これが、AIに学ぶようになってきて、徐々に失われているように感じるのです。

将棋というゲームが成立した頃には、人間同士が対戦することを前提にルールが決められたはずです。人間は、ミスをするし、見落とすし、膨大な先読みには限界があります。その中で、将棋にしろ囲碁にしろ、面白くなるようにルールが決められて今日の姿になったわけです。これを今AIが壊そうとしているのかもしれません。破壊のあとには、創造があります。AIが当たり前になった先に、今後起こり得ることを注視していきたいと思います。これは、ゲームAIだけでなく、我々の卑近な分野でも起こりうることだと思うからです。

■ 将棋ソフト不正使用疑惑に見るルールの危機

2016年に三浦弘行九段の将棋ソフト不正使用疑惑が起こりまし

た★1。この騒動は、我々にAIとの付き合い方に関する多くの教訓をもたらしました。AIなどの新しい技術がこれまでの常識を覆し始めたのです。この例ではスマホを使ったのではないかという疑惑でしたが、近年ウェアラブルデバイスの研究は盛んで、近い将来、眼鏡やコンタクトレンズのようなものにもAI技術が搭載される時代が来るでしょう。もっと言えば、頭の中にチップを入れることで、知を拡張するという研究も行われています。それが当たり前の未来になったときに、ゲームはどうなるのでしょうか。

　脳の中のAIチップに答えを聞けば、最善手を示してくれる時代になるかもしれません。そうなったら、将棋というゲームを今までどおりにやること自体がナンセンスになる可能性も出てきます。こういう問題は、将棋だけではなく、ほかのいろいろなゲームで起きる可能性があります。ゲームだけでなくスポーツの分野でも起こりえます。たとえばアーチェリーや射撃など視力を使う競技は、すごく視力が良くなる端末が視神経の中に入っていたり、サイボーグを駆使して筋力を増強したりすることも当たり前になるかもしれません。

　2015年に、慶應義塾大学の稲見昌彦先生（現在、東京大学先端科学技術研究センター教授）を中心に設立された超人スポーツ協会★2というものがあります。そこでは、さまざまな形で我々の身

★1　2016年の将棋界で起きた事件。三浦弘行九段の対局中の多くの離席に対して、（スマホにインストールした）将棋ソフトを使ったカンニング行為の疑いが持たれた。日本将棋連盟は明確な事実確認もなく三浦九段を一時、出場停止処分にした。その結果、竜王戦の挑戦者になっていた三浦九段は、挑戦権を失うなどの事態となった。その後、第三者委員会による調査が行われ、不正が行われたという事実は確認されず、責任を取る形で谷川浩司日本将棋連盟会長と島朗常務理事が辞任し、日本将棋連盟は三浦に対して正式に謝罪することとなった。

★2　超人スポーツ協会　https://superhuman-sports.org/

体や能力が拡張されていく時代のスポーツについての議論や試みがなされています。

　2014年に、ドイツの義足の走り幅跳びのマルクス・レーム選手がドイツ陸上選手権に出場して、健常者の選手を抑え優勝して話題になりました。この大会は、ヨーロッパ選手権への選考会も兼ねていたので、優勝したレーム選手は筆頭候補に躍り出ることになり、陸上界を揺るがす大きな注目を集めました。しかし、その後「カーボン繊維製の義足が跳躍に有利に働いたのではないか」との声が上がり、「健常者の足よりも優れたものでないことを証明せよ」という無理難題を義足の選手に突きつけることになったのです。

　我々の体はどこまで科学に支えられているのか、ドーピング問題だけでなく、考えさせられます。健常者が能力を拡張するためにサイボーグになる可能性だって十分にありえます。そうすると、オリンピックやプロスポーツとは何なのかという話になってきます。これまで存在していたゲームのルールが見直され、破壊される一方で新しいゲームも生まれるかもしれません。そのようなスポーツを稲見氏は、「超人スポーツ」と名付けています。

　同様に、チェスや将棋といった思考系のゲーム、マインドスポーツを拡張する「超人マインドスポーツ」というものも定義できるのではないかと私は考えています。能力を拡張した人間同士が戦うのですが、その能力をもってしても十分に難しくて面白いゲームが新しいゲームとして生まれてくるのではないかと予想します。拡張された人間にとっては、将棋や囲碁が簡単すぎるので、さらに複雑なゲームでないと楽しめなくなる可能性あるのです。

■ AIと人間の違い

　生身の人間が持つ直観や大局観は、つい最近までは人間特有の能力だと考えられてきました。しかし、それを膨大な探索で得られた教師データを使うことで感覚的な能力を学習させたのが、ディープラーニングを用いた囲碁AI「AlphaGo」の成果だったと言えます。それができたということは、人間と同様の直観的な能力が、少なくとも将棋や囲碁といった限られた範囲で最適解を見つけるトイプロブレムの範疇においては、AIが十分に持てるようになったということを意味します。そして、一部ではすでに人間の能力を上回るようになっていると言われています。シンギュラリティが到来すると言われている根拠はそこにあります。

　しかし、絵画や俳句など芸術の分野における創造性、人間らしい感情はどういうものなのか、人間は何に感動するのかという文化的、常識的な背景も関わる内容については、まだ今のAIの技術では到達することは難しいと言われています。フレーム問題とも呼ばれているもので、人間的な価値観とは、たとえば、「私は生きたい」とか「何かを食べたい」と思ったり、「薄気味悪い」とか「なんか気持ち悪い」とか感じたりといったことです。そういうことは遺伝子レベルで我々の体の中に刷り込まれているもの、生物特有の価値観にもとづく感性とでもいうべきものです。

　また、「突発的な障害物を避ける」とか「大きな影響のないものは無視する」というような常識的知識は、我々が子供の頃から長い経験によって培ってきた能力であり、必要なもの、そうでないものを感覚的には弁別する能力は、今のAIにとって処理の難しい領域です。

　仮にロボットという身体感覚を持ったとしても、「自分たちが生

きるということは何か?」ということを、AI自らが考えるようにならない限り、人間の生得的な感覚を身につけることは難しいでしょう。おそらくこの問いは、人間の感情はどこから生まれるのかということと結び付いています。生き残りという大きな目標のために何かを達成したい、という欲求が人間の感情の源になっているという「アージ理論」というものがあります[★3]。これは、戸田正直先生が提唱した理論ですが、そういうものをコンピュータに生得的に持たせる必要があるのだと思います。ここで言う生き残りという目標は、自分という個体だけが生き残ればいいわけではなく、種全体が生き残ることを目標とすることもあります。つまり、自分の死と引き替えに種が生き残ることを優先する場合もあるわけです。

■ わからないことだらけのカーリング競技

　話題は変わりますが、コンピュータ将棋のほかに私の研究室で最近開発しているのが、コンピュータ上でカーリングをシミュレーションするシステム「デジタルカーリング」です。カーリングは氷の上で遊ぶゲームですが、氷の状態というのは刻々と変化していくものです。その変化の仕方があまりにも大きいので、これまでカーリングの戦略についての議論はコーチの経験的な口伝に頼られており、あまり科学的に行われてきませんでした。

　カーリング場のことを「カーリングシート」と呼びますが、まずカーリングシートの氷はスケートリンクとは異なります。まず氷を作ってから平らにします。そこにペブルという霧状のものを散布

★3　アージ理論の詳細は、戸田正直著の『感情：人を動かしている適応プログラム』(東京大学出版会、新装版2007年)を参照。

して凸凹を作ります。カーリングシートの整備をする人をアイスメーカーと言いますが、トップレベルのアイスメーカーは氷に使う水の質にまでこだわると言われています。硬水か軟水かによって氷の質は変わると言います。また、室温が1度変わるだけでも、滑り方は大きく変わります。カーリングの会場内にはカーリングシートが何列も並んでいますが、端にあるカーリングシートと真ん中にあるカーリングシートは、空気の流れも違い、温度も微妙に違うので、滑り方に影響があることが知られています。観客席の客の入りによっても変化してしまいます。練習のときにはあまり客が入っていませんが、大会で客が途中から入ってくると温度が上がるので、練習のときとは感覚は変わると言います。このような氷の状態の変化が、カーリングというゲームに影響を与える大きな不確定要素になっています。

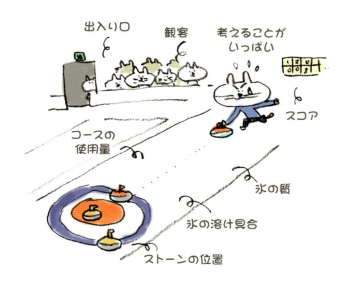

そのようにして作ったカーリングシートは、ペブルの散布によってできる凸凹によって滑りやすく曲がりやすくなることが知られています。また、カーリングは回転を与えて滑らせると曲がる(カールする)と言われています。これがカーリングの語源ですが、なぜ氷の上でストーンに回転を与えると曲がるかということは実はまだ物理学的に解明されていません。さらに、回転角速度と回転の曲がり幅にはほとんど相関がないことも実験によってわかっています。カーリングについては、ほかにもわかっていないことがたくさんあります。

■ LS北見の活躍を支えたIT技術

このようにわかっていないことだらけのカーリングの戦略を科学的に扱えられるようにしたいと考え、コンピュータ上に理想的なカーリングシートを再現したものが「デジタルカーリング」です。カーリングシートの整備では、ある地点を目指して投げるとハウスと呼ばれる円の中心にストーンが止まるのが理想的なカーリングシートであるとされていて、それを目指して整備が行われます。ですから私たちも、その曲がり幅を、デジタルカーリング上で再現することにしました。さらに、ショットの不確実性を乱数で表現することで、理想的なカーリングシートをコンピュータ上の仮想空間に構築したのです。

これによって、コンピュータ上でAI同士を対戦させたり、人間とAIが対戦したりすることを可能にしました。このような環境を提供することで、カーリングの戦略について議論を可能にする場を作ったのです。

デジタルカーリングを提唱したのは2014年くらいのことですが、私たちはこれによってカーリングの戦略のAI研究を始めまし

た。約5年経って、今は人間のハイレベルなプレイヤーと同じくらいの強さのAI戦術システムができるようになってきました。そこで、このAIを使ったカーリングの戦術支援の研究も始めています。この戦術支援システムを実現するために、盤面上にストーンを自由に配置できる局面エディット機能を持たせたり、ストーンの摩擦係数や曲がり幅、乱数の大きさを変えたりすることもできるようにしました。これによって、氷の状態やプレイヤーのスキルに応じた戦略も示すことができるのではないかと考えたのです。実際、このエディット機能を使って、特定のカーリングの局面におけるAIの考えるショットを可視化して見せることが可能になってきています。

　当初は、研究室で独自にカーリングを対象にした研究を始めていたのですが、実はカーリングの研究者が日本国内にも結構いらっしゃることがわかってきました。2018年のピョンチャンオリンピックで銀メダルを獲得し、一躍有名になったカーリング女子日本代表「LS北見」の本拠地である北見市はカーリングのメッカです。同市にある北見工業大学の桝井文人先生は、私とほぼ同じ頃からカーリングのIT研究を始められていました。

　桝井先生の研究室では、カーリングの試合の記録を集めるために、タブレットで記録をするシステムを開発しています。これまでも、カーリングの試合を記録する方法には、記録用紙を用いた手法がありましたが、記入が煩雑であまり普及していませんでした。それをタブレット形式で容易に入力できるようにしたのです。これによって、試合の記録は電子的に記録できるようになりました。

　この電子記録のおかげで膨大に蓄積されたデータから、選手ごとのショット率（ショットの成功率）をグラフ化して可視化することを可能にしました。このシステムは国内の多くのカーリングチ

ームに提供されていて、現在ではカーリングチームの試合データが蓄積されはじめています。将棋で言えば棋譜の電子化です。このような科学的な分析に基づいたIT技術の進化が、昨年のピョンチャンオリンピックにおけるカーリング女子の飛躍の一因になっているとも言えます。

■ ストーンを打ち出すロボットとストーンの計測

　カーリングの研究では、信州大学の河村隆先生が作っている、ストーンを正確に打ち出すロボットの研究というものもあります。このロボットはかなり正確に、毎回同じウェート（強さ）でストーンを打ち出すことができます。10投、20投と、同じショットを打ち続けることで、氷の状態がどう変わっていくのかということがわかってきています。

　同じ強さで打ち出せば、毎回ストーンは同じ所に止まるかと思いきや、実際はそうではないのです。ある軌道を使うと、その部分の氷が少し溶けることで、より移動距離が伸びてきます。ところが、あまり同じ軌跡を使いすぎると、今度はまた移動距離が短くなるのです。これは選手であれば経験的に知っていることなのですが、ロボットを使うことでそれを数値的に正確に計測できるようになってきています。

　また、北見にあるカーリングシートを使わせてもらって、氷の下にLEDを埋め込んで、正確にストーンの挙動をセンサーで調べる実験も進められています。これは、公立はこだて未来大学の竹川佳成先生と上述の桝井先生を中心に行われています。かなり正確に軌跡のデータが取れそうだということがわかってきたので、この冬から本格的に正確なデータの計測が始まっています。それによって、40メートルもの長さのシート上を滑るストーンの正確な

挙動が、初めてわかるようになるはずです。

　ストーンの進路をブラシで掃く行為を「スイープ」と言うのですが、スイープをすると移動距離が伸びて曲がりにくくなることが経験的に知られています。それが実際どれくらいの効果があるのかということも数値的に出したいと考えています。スイープの効果はものすごく、10メートル以上も距離が変わることも知られています。

　実は河村先生のところでは「スイープロボット」を作ろうという研究も始まっています。スイープするためには、ストーンの動きを予測して先回りしないといけないので、現在は、軌跡を追従するシステムを作っています。追従できるようになったら、軌跡を予想して、先回りするロボットを作っていくということになります。

■ 研究を活かしてより輝くメダルを

　機械学習を用いたカーリングAIの研究をやっているところとして、北海道大学の山本雅人先生の研究室が挙げられます。山本先生の研究室では、機械学習を使ってカーリングストーンの配置に関する評価関数を作っています。これは将棋や囲碁の評価関数を作るのと似ています。

　最近、韓国の研究グループもカーリングAIに興味を持ち始め、ディープラーニングを用いた学習の研究も始まっています。デジタルカーリングがこうしたAIの研究を進化させています。私たちの研究室では、初級者からトッププレイヤーまで、それぞれのプレイヤーが各局面をどのように考えるのかということを発話プロ

トコル分析★4と呼ばれる認知科学的手法を用いて研究しています。この研究は、公立はこだて未来大学の松原仁先生の研究室と共同で行っており、将棋や囲碁で培ってきた同様の実験結果との比較もしています。将棋では、先読みである探索のウエイトが高いのですが、カーリングのような不確定要素を含んだゲームでは、先を正確に読むことは困難になります。

　深い先読みというよりは、失敗したときのリスクを考慮した思考（これは「Bプラン」と呼ばれる）が見られるようになります。カーリングは不確定要素があるゲームなので、その不確定要素を考慮してゲームの中での最適解を求める必要があります。先ほど氷の素材となる水や室温、スイープなどによってカーリングシートの氷の状態が変化すると説明しましたが、氷だけでなくストーンも不確定要素のひとつになります。ですからカーリングチームは大会の前日に入って、夜のうちにストーンを何度も投げて、「これはカーブしやすい」とか「滑りにくい」とかいったストーンの癖を調べる作業（「ナイトプラクティス」と呼ばれる）をしています。そして、大会当日にどのストーンをどの選手がどの順番で投げるかを決めています。

　次に北京で開催される冬季オリンピックでは、AIによる戦略で、日本代表のメダル獲得に寄与していきたいと真面目に考えています。将棋の藤井七段がAIを使って勉強して強くなったように、カーリングでもAIを使って学ぶ時代が来ると考えています。北見工業大学の桝井先生と協力して、各選手のデータをもとにしたプレイヤーの癖をAIにインプットして、自分たちがどういう戦術を取

★4　「発話プロトコル分析」とは、何かを行うときにどのようなことを考えているかをリアルタイムで発話させ、それを書き起こし、時系列的に分析する認知科学の伝統的な研究手法。

れば勝ちやすくなるのかを、コンピュータ上でシミュレーションすることができるのではないかと考えています。たとえば、特定の強豪チームとの対戦で、何点差で負けている場合にはどういう戦略でどういうショットを狙うと逆転しやすいのかなど、ケースごとのシミュレーションを事前にAIを活用して考えておくことは十分に考えられます。

　しかし、カーリングは氷上で行うために、実際には非常に複雑な状況の変化を読みあうことが必要です。そのため、コンピュータはこの手を推奨したけど、実環境の人間のプレイにとってはそれが必ずしも最善手とはならない可能性もあります。

　たとえば、あまり使っていないコースは、滑り方を予測するのは困難です。だから、使っていないコースは正確に投げられない可能性があるからです。だから、たくさん投げているコースのほうを選ぶ。逆に、相手にもあまり使っていないコースを投げさせようとする、といった駆け引きがあります。また、氷の状況も一様ではないのです。これは、選手にしかわからない機微でもあります。こういうところまで表現できるデジタルカーリングを提案できるようになれば、実際にカーリングの面白さを伝えられるのではないかと考えています。

　AIやIT技術を駆使して、ゲームの面白さを伝える技術を作っていくことも、我々ゲーム研究者に残された新しい課題なのかもしれません。

第4章

AIは人間を説得できるのか

鳥海不二夫［東京大学大学院准教授］

前説 ── 森川幸人

　初めて「AIが人狼をプレイする」というプロジェクトを聞いたとき、ほんまかいな！と驚きました。なんちゃってAIじゃないかなと思って開発陣を見たら、東大の鳥海不二夫先生、静岡大の狩野芳伸先生、筑波の大澤博隆先生などなど、AI研究の一線で活躍している先生ばっかり。本気でやるんだと二度びっくりでした。

　ご存じの方も多いかと思いますが、「人狼」とは、多人数で遊ぶカードゲームです。正式な名称は「汝は人狼なりや？」で、2001年に発売された会話と推理を楽しむパーティーゲームです。

　ざっくりと遊び方を説明すると、こんな感じです。

　　まず、1人1枚のカードが配られます。カードには、村人と村人に化けた人狼が描かれてています。さらに人間サイドには、ただの村人以外に占い師、予言者などいろいろな能力を持った役職があります。カードの内容は公開されませんから、自分以外の人のうち、誰が村人で誰が人狼なのかはわかりません。

　　ゲームの内容は村人と人狼の殺し合いで、昼間は村民が人狼を殺し、夜には人狼が村民を殺します。誰が村人で誰が人狼かわかりませんから、「おまえ、人狼じゃない？」「いえいえ、そんなことありませんよ。ほら、こんなに協力的じゃないですか」などと言いあって、相手のウソを見破ったり、逆にウソをついたりして推論を進めていくパーティーゲームです。

　　生き残った人狼と同数まで村人を減らすことができれば人狼チームの勝ちとなります。

　　言葉のやりとり以外に、その人のちょっとした仕草や表情など

もヒントになります。言葉のやりとりも内容に整合性があるかどうか以外に、答えるまでに間があったかとか、声がうわずったとかなども、推論の大事な要素となります。

最終的な村人のみんなの総意で誰が人狼かを決め、人狼側も総意で殺すべき村人を決めるため、お互いの意見を参考にしたうえで、みんなを説得するスキルも必要となります。つまり、ふだん私たちがみんなでおしゃべりしているときに無意識的に注意していることを、犯人（人狼）を探し殺すという劇的なシチュエーションに落とし込んだゲームというわけです。

人がコミュニケーションする際に、何を大切にしているか、何をよりどころにしているか、コミュニケーションに必要な要素を「楽しみながら」（ここ大事）研究していくには、うってつけの題材と言えるでしょう。

さて、AIの大事なタスクのひとつとして、「人とちゃんと話ができる」ということがあります。人とちゃんとコミュニケーションする際には何が必要なのか、何が大事なのか。

人はウソもつくし、ごまかすし、誇張もするし、誤ったことも言います。うっかりやってしまったことをごまかしている場合もあります。あいまいな表現もするし、極論もします。日によって、気分によって言うことが変わるし、前に言ったことを忘れてたり、前に言ったことと違うことを言うしで、ノイズだらけの情報を提供してきます。

AIは、そんな困った相手とちゃんとコミュニケーションしていかなければならないわけですから、「ご主人様、今日の天気はどうですか？」みたいなあらかじめ限定された話題の範囲で、文法的にきれいで、聞き取りやすく発話された会話に対応するだけでは、全然やっていけなさそうです（研究開発の手順としては全然

間違ってないと思いますが)。本気で人間と関わっていくなら、もっとタフな環境でAIをトレーニングしていく必要があります。その意味で確かに「人狼」はうってつけの題材と言えます。

◆ ◆ ◆

　一般的に、人と対話するAIというと、最近普及し始めたスマートスピーカーがまず思い浮かぶのではないかと思います。対話型の音声操作によって、今日の天気や観光地、おいしい飲食店の案内などをしてくれるアシスタント機能を持つスピーカーです。

　すでにAmazon Echo、Google Home、Line Clover WAVE、Apple HomePodなど、たくさんのスマートスピーカーが発売されています。スマートスピーカーのような「体」は持っていませんが、AppleのSiri、GoogleのGoogleアシスタントなども、同じような機能を持っています。

　これらのAIスピーカーたちは、「ご主人はウソをついてないだろうか？」などと考慮する必要はありません。調べ物や買い物や予約の代行であれば、主人の機嫌を考慮する必要もありません。

　逆に、主人にウソを言う必要もありません。別のスマートスピーカーと意見を協調したり、総意をまとめる必要もありません。言われたことを100％正確に理解し、100％正しく返答できればいいわけです。多少の気遣いやユーモアは必要かもしれませんが。

　一方、「人狼」はウソを言わなくてはなりません。そして、ウソを見破らなければいけません。「おまえが人狼だ！」と100％の確信があっても、それを言うタイミングを考えなければいけない場合だってあります。もちろん、普通の受け答えもできなければなりません。

　たいていの場合、スマートスピーカーは主人と1対1でしゃべ

りますが、「人狼」は多人数でプレイされることが多いため、音声を認識する場合、それが誰の発話で誰の発言に紐づけられた発言なのかも理解する必要があります。

「さっきの＃＃さんの発言。ちょっとあれな気がするんですよね」の「さっき」はいつのこと？「あれな気」ってなに？ 賛成なの？ 反対なの？

これらのことをうまく理解できなくてはなりません。そのためには、単純な意味理解の能力だけでは足りません。心理状態を推し量るには、会話内容だけでなく、声色、しゃべる量や速度、音量などもちゃんと測定できなくてはなりませんし、表情認識も必要になります。

さらに、他人の意見を参考にしつつ、かつ、自分の考えを受け入れてもらうための説明や説得のスキルも必要です。ざっと考えただけでもクラクラしてくる難易度です。「人狼！ AIでそんなんできるんか！」

素人の自分でも、とんでもないグランドチャレンジに思えました。それをAIの第一線で活躍されている先生方がやってらっしゃるわけですから、これはお話をお聞きしにいくしかありません。

ということで、プロジェクトの代表的立場でいらっしゃる鳥海不二夫先生にお話をお聞きすることにしました。

いま、「AIは人狼をプレイできるか」研究はどのくらいまで進んでいるのでしょうか？ AIに人狼を教えるうえで一番難しかったことはなんでしょうか？ 将棋や囲碁のAIと人狼のAIの違いはなんでしょうか？ そもそも、なんで、そんなグランド・チャレンジに挑む気になったのでしょうか？

これらさまざまなことについてお聞きしました。

AIは人間を説得できるのか　鳥海不二夫

■ CEDEC 2015で始まった人狼知能大会

　私は現在、人工知能に人狼ゲームをプレイさせることを目指した「人狼知能プロジェクト」★1の代表を務めています。私は、データ分析、特にWeb上のデータの分析を中心に行っていたのですが、名古屋大学にいたときに人狼知能の研究を始めました。そのきっかけは、人狼ゲームのプレイログ（プレイデータのログ）がWeb上に大量にあるのを発見したことでした。そのデータを使えば人狼ゲームについていろいろな分析ができるのではないかと考えました。そこで、やはり人狼が好きな、当時同じ研究室の学生だった電気通信大学の稲葉通将先生と話して研究を始めました。

　ただ人狼研究の課題の多さを考えると、2人だけでやるのは厳しいことはわかっていたので、私が東京大学に移ってからTwitterを使って人狼好きな研究者に声を掛け「人狼プロジェクト」という名前で研究を始めました。

　とはいえ、人狼を研究しようという研究者がそんなすぐに大量に集まるはずもなく、立ち上げ当初はプロジェクトメンバーが6人しかいないという状況でした。あとで述べますが、人狼を人間と人工知能でプレイさせようとすると超えるべき壁が非常に多く、自然言語の専門家、画像処理やインタラクションの専門家も必要となり、人手が足りないのは間違いありませんでした。一方で、人工知能部分はまずはプログラミングがかける人たちであればある程度のレベルのものが作れそうでした。そのため、必ずしも研究

★1　人狼知能プロジェクト　Twitter: @aiwolf_org　http://aiwolf.org/

者でなくてもプラットフォームさえしっかりできていれば一般から募集できるのではないかと考えました。たまたま、プロジェクトメンバーにロボカップに参加していたメンバーが複数いたため、多数の参加者が切磋琢磨することでAIの発展が期待できることは知っていました。それならば、大会を開催して研究者以外の人にもAIを作ってもらおうということになりました。

　第1回の人狼知能大会では38チームも集まり、大会を行うことができました。大会の様子は、日本最大級のゲームカンファレンスCEDEC 2015の人狼知能のセッションで紹介しました。そこでは、決勝でのゲームの様子を紹介したのですが、最初のゲームの第一声が人狼を引いたエージェントによる「エージェント○○（自分）は人狼だと思います」というまさかの人狼カミングアウトだったことは今でも伝説として語り継がれています。そんなハプニングもありましたが、大会自体はおおむね好評であり、その後も参加者が増え、2018年には第4回人狼知能大会を開催することができました。

■ 強化学習で発見された高度な戦略

　実は大会をやる前に、「そもそも人狼はAIを使えば強くなるゲームなのか？」という疑問に答えるために、強化学習を使ったテストをしていました。強化学習をやった場合とやらない場合とで勝率に差がつくのであれば学習をする意味があると言えるからです。たとえば、じゃんけんのようなゲームはいくら学習させたところで、基本的に勝率は3分の1になります。もし学習しても勝率が上がらないようだったら、これはゲームとして意味がなくなってしまうので、そうではないということを確かめたかったのです。

　その結果、強化学習をしたほうがきちんと勝率が上がることが

わかりました。村人陣営が強化学習をした場合だと村人陣営側の勝率が上がりますし、人狼陣営だけが強化学習をすると人狼陣営側の勝率が上がります。こういう具合に明確に差が出てきたので、これなら人工知能にプレイさせる価値があるだろうということになりました。

　また、強化学習を行っているとエージェントが人狼サイドに有利となるような、かなり高度な驚きのテクニックを発見していることがわかりました。人狼は遊び方が異なる何種類かのルールがあるのですが、たまたまそのときは、人狼が村人への襲撃をスキップできるルール★2 を採用して強化学習をしていました。そうすると残り5人で人狼1人、村人4人という編成になったとき、人狼のエージェントが村人をあえて襲わないという選択肢を取るようになったのです。

　その後、何が起きるかというと、昼間のターン★3 で1人が追放されて、夜のターンでは誰も襲撃されず、次の日には人狼1人と村人が3人残ることになります。この残った4人のうち1人が追放されて1人が襲撃されると、村人と人狼が1対1となり人狼が勝つことができます。つまり、4人残った中で人狼が追放されなければ勝てるという状況になり、負ける確率は4分の1となります。

　一方、残り5人の時点で村人を襲撃してしまうと、1人が追放され、1人が襲撃されると、残り3人になります。この3人のうちで人狼が追放されると負けてしまい、自分が追放されなければ勝てるという状況になるので、負ける確率は3分の1になります。実は3人残すよりも4人残しておくほうが生き残る確率が高くなるので

★2　通常の人狼ゲームでは、昼のターンで人狼と思われる1人を追放し、夜のターンで村民1人が人狼に襲撃される。

★3　人狼ゲームでは1日を昼と夜に分け、それぞれを「ターン」と呼んでいる。

す。そのため、あえて襲撃しない。このようなテクニックを強化学習の中で勝手に学習しました。

これは人狼プレイヤーとしてレベルが高い人には知られている技ですが、普通だとちょっと考えつきません。そういうことをAIが見つけ出したので、これはなかなかイケているぞと思いました。

■ なぜAIは人の嘘を見破れないのか

人狼知能を開発するにあたって難しいのは、相手の嘘を見破ることと、相手を説得することです。実は人間をだますのは意外と簡単です。というのも、人間は何か変なことが起きると、放っておいても自分なりに整合性のある解を見つけてくれるからです。

推理小説を読んでいて、重大なトリックがあることに気づいてはいるけれど、「作者がちょっと間違えたのかな」と勝手に自分の中で解釈を入れて見事にミスリードさせられることはよくあると思います。人狼ゲームでも「私は占い師です」と言われると、50パーセントくらいは信じますし、一瞬信じられなくてもそれが本当である理由を探ろうとします。だから、単に嘘をつくだけであれば簡単なのです。

一方、AIが人の嘘を見破るのはなかなか難しいです。もちろん、論理矛盾がある場合はAIも簡単に見破ります。人間の場合はどうかというと、なぜだか勘が働いて、その勘が結構当たるのです。私は人間がどうやって相手の嘘を見破っているのかを知りたかったので、プレイ中に「私は占い師[4]です」と言う人が2人出てきたときに、それまでの会話などから、本物の占い師を当てられるか

★4 占い師は、相手が人狼かどうかを占うことができる。人狼ゲームで重要な役割を担っている。

どうか「人狼BBS」★5のデータから機械学習を使って分析しました。その結果、どうも人はどこかで、本物の占い師はどちらなのかを高い確率で当てているらしいということがわかったのです。少なくとも、我々が設定した機械学習のパラメータには入っていない何かを見つけ出してきて、「こっちが人狼っぽいから処刑しよう」というのをちゃんとやっているようなのです。我々自身が認知していない情報を処理しているのはたしかだと思います。

　しかも、その実験で行われている人狼はBBS上なので、文字情報しかありません。対面で遊ぶ人狼では表情や声の調子など、ノンバーバルな情報を参考にすることはよくありますが、実験ではテキストによるバーバルな情報のみから何かを察知しているというのは、非常に興味深いと思います。

　人狼BBSでは毎日のように複数の人狼ゲームが行われており、トータルで数千回ゲームが行われています。そこではプレイヤー名は匿名ですが、自動的にキャラクターのアイコンが割り当てられます。おじいちゃんから若者まで、多彩なキャラクターが揃っていて、女の子も何人か混ざっています。興味深いことに、初期は女の子のアイコンになると有意に死亡率が低くなっていました。「絶対に中の人は、おじさんだろう」ってわかっていても、なぜかそうなってしまっていたんですね。そういう意味では強い人狼知能を作ろうと思ったら、女の子の顔を出せば人間はつい甘くなってしまうかもしれません。

　逆に男性だと疑われる例として、人狼知能大会で使っているキャラクターの「ロビン」がいます（図3-1）。ロビンは、髪の毛の生

★5　「人狼BBS」は、ネット上で人狼をプレイするサイト。プレイログがたくさん蓄積されている。
　　http://www.wolfg.x0.com/

図3-1　人狼BBS内のキャラクターアイコン。ロビンは左下
©宝塚大学　東京メディア芸術学部　渡邊哲意研究室

えていないキャラクターで、ほかのキャラクターに比べるとずいぶん浮いていますが、彼が初めて登場したときは、観戦者から多くの「怪しい！」という声が上がりました。実際には、キャラクター自身はランダムに割り当てられているので関係ないはずなのですが。第3回大会で初めてお目見えしたロビン君ですが、第4回大会では人気者になっていました。もっとも、人気者であることと疑われないことは別問題なので、相変わらず疑われていたような気がします。

　というわけで、見た目は人間をだますときの重要な要素になります。今なら、VTuber（バーチャルYouTuber）などの技術を使って人狼をプレイすれば、追放されやすい顔の人でも追放されづらくなるかもしれません。

　少し話が見た目の話にずれてしまいましたが、嘘を見破る話に戻りましょう。

さて、AIが見破るのが得意な嘘はなんでしょうか。

まず、論理破綻しているものであれば一瞬で見破ってくれます。たとえば、2人人狼がいる状態で占い師と名乗ったプレイヤーAが、プレイヤーB、Cを人狼だと指摘し、B、Cともに追放してもゲームが終了しなかった場合、プレイヤーAは嘘をついたことが簡単にわかります。

また、人狼同士はお互いを知っているため、各プレイヤーの言動から人狼の組み合わせとしてあり得るパターンを推定していくと人狼が見つかりやすくなります。そのような手法を取り入れたのは第1回、第2回と人狼知能大会を連覇した「チーム饂飩(うどん)」です。

■ なぜAIは人を説得するのが苦手か

相手を説得することもAIにはかなり難しいです。人間というのはいろいろなやり方で相手を説得し、嘘を信じさせることができます。しかし、これまでAIが人間を説得するという研究はほとんど行われてきていませんでした。というのも、そもそもAIは今まで人を説得する必要がなかったからです。今の人間とAIの関係は基本的に嘘のないきれいな世界です。我々がAIに対して嘘をつく必要はないし、AIも我々に対して嘘をつく必要がありません。そのため、そもそも説得しなければいけない状況というのがAI開発においてはあまり存在しなかったのです。

しかし、将来この関係は変わってくるはずです。なぜなら、嘘をつくことは良いコミュニケーションのためには絶対に必要なことですから。そして、将来AIが嘘をつくようになったら、そのとき初めて説得が必要になります。今の人間はAIが意図的に間違っていることを言うとは基本的に思っていません。これはAIが不完全だから間違ったんだなと思っています。しかし、嘘をついたり、意

図的に人間に正解ではない情報を与えようとするAIが出現するようになれば、「こいつ、もしかしてだまそうとしているのでは？」「自分ではなくほかの人にとって都合のいいように誘導してはいないか？」という可能性が（人の）頭に浮かんでくるようになります。そのときは、疑ってくる人間に対して説得し、信頼を得るということがAIの機能として必要になってくるでしょう。

　人狼知能では、ゲーム内の状況に応じた説得となるため、無矛盾で人間にとって受け入れやすい情報であれば説得することができるようになるかもしれません。いわば一期一会の関係における短期的な信頼関係を作ることに対応するでしょう。とはいえ、単に無矛盾であれば人は説得されるわけではないので、人が説得されるメカニズムを明らかにする必要があります。

　一方、日常の中に入り込み、人間と長い付き合いをする人工知能が人を説得して信用させるとなると、これはまた別の難しさがあると思います。人が人を信用するのは、「お互い信頼関係を築いていたほうが最終的に得である」という考えが根本にあるように思いますが、AIには「こちらのほうが得」と考える機能があるかどうかわかりません。したがって、人間同士の信頼関係とは異質のものになるかもしれません。いずれにせよ、たとえばGoogleのようなAIサービス提供者のためではなく、「自分の利益のために言ってくれている」とユーザーが思うような何かを、AI側が作ることで信頼関係を築くことができるのかもしれません。

■ 上手な嘘のつきかた

　人狼ゲームで嘘をつく場合は、現状で考えられる状態が何パターンか存在する世界観、すなわち可能世界の中で、自分にとって最も有利な世界観を提示するのがいいとされています。たとえば、

Aさんが「自分は占い師だ」と言った場合、次の2つの世界が可能性として存在します。

世界観1：Aさんは本当に占い師だ。

世界観2：Aさんは本当は占い師ではない。

ここで、もし自分（B：人狼ではない）に対してAさんが「Bさんは人狼でした」と言えば、「世界観1」である可能性は低くなり、世界観2である可能性が高くなります。

上手に嘘をつくというのは、こういった世界観をきちんと作ることに対応します。世界観を作れないと論理が破綻してしまいますから、これは人間も嘘をつくときに必ずやっています。人狼をプレイしていて、ある程度まで人数が減ってくると、自分の語る世界観と周囲が認識する世界観に整合性を持たせる必要があります。その整合性が説得力につながります。

そういう意味では、無矛盾性を確保するためには、論理的にあり得ない世界をどんどん排除していけばいいだけなので、それ自体はAIにとってそんなに難しい話ではありません。逆に人間のほうが途中でわからなくなったりします。論理的な計算ができなくなるだけではなく、人間にはリアルタイムで過去の情報を忘れていってしまうという弱点もあります。人狼ゲームをプレイしていて、自分が初日に何を言ったか、投票で誰を処刑すべきと選んだかということを覚えていない、なんてことはよくあります。ですから人狼で本気を出したら多分AIのほうが強いでしょう。忘れないですし、論理的ですから。

しかし、今の段階では自然言語の処理が難しいため、人工知能がBBSで人間に混じってプレイすることはできません。人狼知能に求められるのは、いわば"総合AI"です。そんなに広い世界設定ではないので、ある程度言うことは決まっているのですが、そ

れに全部対応するだけでも大変です。たとえば、人狼BBSでのやりとりは、一人ひとりの文章が結構長いんです。会話の意図が文脈に依存するという、会話特有の難しさもあります。発話はできても、相手が何を言っているのかを理解することができなかったり、多彩な発話もできずにいつも同じことばかり言っていたりすると、すぐに人工知能だとバレます（チューリングテストではないので、人工知能だとばれないことが目的だというわけではありませんが）。

　人狼知能が将棋などのAIと大きく違うのは、相手が敵なのかどうかはっきりしないことです。仲間だと言ってきている人がいるけれど、実はそれは敵かもしれない。多人数でありかつ誰が仲間かもわからないというのはなかなか難しい状況です。将棋などに比べると数段階難易度が上がっています。

　本当は将棋や囲碁が1対1の対面ゲームだったのですから、敵味方が明確な多対多のゲームから始めたほうがよかったのかもしれません。しかし、人狼知能は一種のグランドチャレンジ（いまだに解決されていない大問題に対する取り組み）なので、より難しい地点をゴールにしています。このグランドチャレンジでは、目標を達成する過程でさまざまな応用技術を開発していくことが最大のポイントです。人狼知能が実現されるときには、高度なコミュニケーションや説得と信頼など、まだ実現されていないさまざまな技術が実現されていると期待しています。ただ現在は、ほかの分野の技術をこちら側に取り入れている比率のほうが大きくなっています。

■ AIには「さっき言っていたアレ、何よ」は難解文

　さて、自然言語を使ってコミュニケーションを行う人狼知能に

とって、質問を投げかけることと回答することのどちらが難しいかと言えば、質問をするだけであれば何の制約も受けずに行えるため、そんなに難しくはありません。ところが、相手の質問をちゃんと理解して答えるのは質問に比べるとはるかに難易度が上がります。そのため、相手が何か質問をしてきても意味がわからずトンチンカンな答えをしてしまうこともよくあります。今なら対話エージェントがあちこちで開発されていますが、どれも話題やフォーマットがかなり決まっています。いろんな言い方をしても、キーワードを1つしか捉えていないケースも結構あります。予想外の質問をされたりすると、意味のある返答をするのはかなり難しくなります。

　人狼ゲームの場合だと、「Aさんは人狼だと思いますか？」くらいの単純な質問には答えてくれると思います。しかし実際には、「もし仮にAさんが人狼だとすると、この人は何だと思いますか？」などと聞くのが普通でしょう。これに答えられるかも怪しいですが、さらに「じゃあ、あなたが占い師だとしましょう。それなら、なぜこの人はあんなことを言ったのだと思いますか？」という質問になると、全然わからなくなります。「もし仮にこうだとすると」という仮定条件を入れると、質問の構造が非常に複雑になります。もちろん、こういった個々の質問に対応するように作りこんでいくことは可能です。しかし、想定外の質問には上手に回答することができません。人間の言語理解の優秀さとは大違いです。

　もともとこのプロジェクトを開始したときは、回数を重ねていくうちに人狼AI同士の中でコンセンサスが取れて、質疑応答のフォーマットが勝手に作られていくと考えていました。つまり、「こういう聞き方をしないと答えが返ってこないから、こういう聞き方をしよう」とAIのほうで判断するという感じです。仲間とは、こうい

うふうに言語文化が形成されてくるといいねという話をしていました。

でも道は遠いです。自然言語部門も2017年に初めて大会をやったくらいで、まだ始まったばかりです★6。自然言語の専門家は比較的増えていますが、対話の専門家は不足しています。やはり言語処理と対話とでは難易度が全然違います。自然言語処理で扱っている言葉はきれいな日本語が多いのですが、実際に話す言葉はそうではありません。

対話の中で特に難しいのが、文脈を読むことです。人間は非常に多くの言葉を省略します。たとえば、「さっき言っていたアレ、何よ」と言われると、人間ならどういう意味かはすぐにわかります。しかし人工知能には、「さっき」や「アレ」が何を指しているのかわかりません。何番のどれと言ってくれればいいのですが、人間はそうは言ってくれません。

★6 人狼知能大会自然言語部門｜人狼知能プロジェクト
http://aiwolf.org/natural_language_branch

文脈に依存した話の例をもうひとつ挙げましょう。

人狼をプレイしているときに人狼は誰かという話の流れになっていたとします。私が「Aさんでしょう」という発言をしたとして、このとき「私がAを人狼だと思っている」と判断するのは早計です。もしかすると、その前にたとえばBさんの話が出ていたりする可能性があり、たとえば「Bさんが人狼だと思っている人は誰か？」という話題だとすれば、私が「Aさんでしょう」と言ったのは、「私がAさんを人狼だと思っている」という意味ではなく、「BさんがAさんを人狼だと思っていると私が認識している」という意味の発言になるのです。

この問題は文脈をどう理解し、保存していくのかという話になります。この処理をリアルタイムの対話アルゴリズムで行うのは難しい。人狼という限定された領域でも難しいのですから、日常会話でとなると今の技術ではかなり困難なのではないでしょうか。

人工知能を研究することで人間がわかるとはよく言われますが、このようなことを研究すればするほど、対話をしているときに人間がいかに賢く情報を処理しているのかがよくわかります。

■ 目指すは良い接待プレイ

人狼のすごく良いところは、負けても「面白かったな」と満足感を得られる点です。上手にだまされるというのも楽しみ方のひとつなんです。推理小説を読んでいて、最後にスカッとだまされることってありますよね。「だまされた！ ああ、なるほどね！」みたいな感じになります。ちなみに、推理小説なども読み慣れてくると「ああ、あのパターンね」と、筋書きが読めてきてしまい、つまらなくなってしまいます。自分が立てた予想が当たるというのは、それほどうれしいことではないんですよね。つまり、すっかりだま

されたという経験は、実は人間にとっては快感なのだと思います。

人狼には、負けてくやしく思いながらも楽しかったなと思えたり、ああ、いいゲームだったなと思えたりする面白さがあります。逆にだましたほうも、「いやー、スカッとだましてやったぜ」という面白さがあります。「面白い人狼ってどのような人狼ですか？」と言われると返答に困るのですが、面白いという言葉が含むものすべてがそこに入るのかなと思います。

ちなみに、日本語の「面白い」は英語にしようとすると1つの単語では表せないくらい多様な意味を持っています。Funnyだったり、Fanだったり、Excitingだったり。極端に言えばControllableもUncontrollableもどちらも「面白い」と言ったりします。人狼をプレイしているときに会話で笑いが起きるのも面白さのひとつです。人間同士だと、誰かがミスしたことすら面白さになります。「お前さっき同じ人を人狼って言ったのに、今度占った結果、人間って言うの？」みたいな。それを言われた人が「ああ！」って慌てた時もみんな大笑いして「しょうがないな」と言ったり。

人狼が将棋などのゲームと特に違うのは、パーティーゲームだという点です。勝つことが偉いわけではなく、楽しんだ人がいち

ばん偉いゲームなのです。人狼知能を作る目的も最強のAIを作ろうということではなくて、凡ミスをせず人間が一緒に遊んで歯ごたえがあるものを作りたいというのが根本にあります。そして、それは必ずしも常に自分に有利な言動をするとは限りません。

たとえば、人狼の有名なプレイヤーで児玉健さんという方がいます。児玉さんとプレイしていると、自分にとって不利なヒントであっても、こちらに手がかりを与えてくれたりします。そういうヒントをもらうと考えがすっきり整理されて、世界が見えてくるようになるんです。世界が見えてくれば見えてくるほど楽しくなります。どのような可能性があるのかすらあやふやな状態だと、考える手掛かりがないのでボーッとするしかなくなってしまいますが、2つの可能性のどちらかとなったら、すごく考えることができます。そういうきれいな世界観を見せてくれるAIが作れれば、良い接待プレイもできると思います。相手のプレイヤーを満足させながら勝たせるわけです。

人間はやはり愚かなので、思いついていないことがたくさんあります。そこに気づいている人が発言や行動で悟らせることによって、「あ、そうかそうか。たしかにそれはあるよね。ああ、なるほどね」となることがあるので、サジェスチョンがあることで、どんな人でも入って楽しみやすくなります。

人狼知能の最終的な目標のひとつに「魅せる人狼」があります。『人狼 ザ・ライブプレイングシアター』[★7]という舞台の上で出演者が人狼をやるのを観客が見るというシアターがありますが、そういう場所に我々のAIを実装したロボットがポッといることができ

★7　舞台『人狼 ザ・ライブプレイングシアター』。人狼ゲームを劇仕立てで公演している。略称は「人狼TLPT」。
　　http://7th-castle.com/jinrou/

ると面白いと思います。それは究極的な目標で、実際にはなかなか難しいだろうなと思いますが。

■ AIは直感を持てるか？

　AIが直感を持ち得るかという問いがありますが、考え方によってはもう持っていると言ってもよいと思います。私たちは一部の人だけが持っている、説明できないけれど正解に到達するような考え方を「直感」と呼んでいます。刑事の勘とか、将棋棋士は直感で最善手を見つけるとか、説明不能な直感はさまざまな場面で見かけます。

　我々研究者も直感的に「この研究はいけそうだ」というのを感じたりします。そう思っても学生になぜかと聞かれるとなかなか答えに困ったりします。直感の場合、説明する部分が抜けていて、まず結論ありきなので、説明するためにはなぜそう考えたのかを1つずつ解いていかなければなりません。なかなか大変です。

　説明なしに結論から入るのが直感だとすると、途中経過がブラックボックスであるディープラーニングは、その説明できない何か、つまり直感を持って判断していると言えるかもしれません。

　逆に言えば、ディープラーニングが物事に対してある特徴量を使って判別をしているのと同じように、人間は何かを根拠に判別をしています。ただ、それをうまく言語化できなかったり、ほかの人には理解できないものであったりします。そういうことを直感と表現しているのではないかと思います。人間の頭の中は人によっていろいろで、物の見方も全然違うはずです。しかし、人は言語という共通プロトコルを使って話すから、同じようなことを考えていると錯覚するのだと思います。そして、そのプロトコルに乗っていない考え方のプロセスが直感と呼ばれるのかもしれません。と

すれば、まさに異なるプロセスで判別を行う機械学習は直感であると言えるのではないでしょうか。

■ 哲学的ゾンビと人との違い

AIが心を宿すかどうかという話と、勘や直感を持つという話は、まったく違う次元の話だと思います。それを言い出すと、心や意識って何だという問いに行き着いてしまいます。

心というのは受け取る側の問題であるという考え方もあります。たとえば、自分が使っているパソコンにも心があるような気がして「こいつはまたこんなことやらかして！」とか「今日機嫌悪いな」とつぶやいたりしますよね。宇宙に心があるとか、ガイアの意志とか言い出す人もいますし、神様なんてその最たるものです。存在しているかもわからないのに、神様の心を慮って行動して「トイレの神様に悪いから汚さないようにしよう」と思ったりします。その考えを押し進めると、心というものは（ほぼ）際限なく世界に存在するということになってしまいます。

逆に、そもそも隣にいる人にも心があるかどうかは観測不可能であるから実はないのかもしれないよ、という考え方もあります。このような考えを「哲学的ゾンビ」[★8]と言います。哲学的ゾンビは「あなたの隣にいる人は実はまわりの環境に合わせて自動的に動いているだけのゾンビであって、心や意識を持っていないとするとどうなるか」という思考実験です。他人という存在を考えたとき、我々から観測できるのは人間の物理的な動きだけです。したがって、その物理的動きが機械的、プログラム的に作られている

★8　「哲学的ゾンビ」については、提唱者のデイヴィッド・J・チャーマーズの『意識する心』（白揚社、2001年）や『強いAI・弱いAI――研究者に聞く人工知能の実像』（鳥海不二夫著、丸善出版）を参照。

第4章 AIは人間を説得できるのか

としても、意識を持った人間の動きと寸分違わなければ、我々には区別がつかないわけです。実は自分以外の世界中の人々がすべて哲学的ゾンビだったら、などと考えてみると、面白いような怖いような気がします。

■ AIは心や意識を持ち得るか

さて、受け取り方の問題ではなく、実際に心があるかないかの話をすると、人間を離れて生物はどこまで心を持っているのかと考えるとわかりやすいかもしれません。

たとえば、犬に心があるかと言われれば、たいていの人はあるような気がするでしょう。では、クラゲに心があるかと問えば、ないと言う人も多いでしょう。ではインフルエンザウイルスはどうかと言えば、あれは生命体ではあるような気はするけど、機械的に増殖しています。別に彼らに意志があって増殖したいと思っているわけではないので、一種のアルゴリズムだと言えるでしょう。少なくとも脳のような器官は持っていないわけですから、そこに心があるというのは厳しいようには思います。

ある種のノミはすごくアルゴリズム的に動いています。地面を

はっていってセンサーで木を見つけると枝の先のほうに登っていく。そして、枝の先で止まっていて、下を動物が歩くとその上に落ちます。なぜ落ちるかというと、下を動物が歩いていることを認識しているからではなく、二酸化炭素の濃度が高くなったことを検出して、それに反応して落ちます。落ちた場所の温度が高ければ、とりあえずそこにプスッとくちばしを刺します。血を吸えるかどうかはわからないけど、とりあえず刺す。それで血を吸えたら吸います。また、落ちた所の温度が低かったら失敗して地面に落ちたと認識するので、再びテケテケと歩き出す。

このようなノミの行動は完全にただのアルゴリズムです。そう考えるとアルゴリズムだからここに心はないと言えるようにも思いますし、それをすべてひっくるめて心と言うのかもしれません。結局、生命があるから心があるという話とは別問題という気がします。たとえばクラゲの神経を再現したロボットくらいは作れると思いますし、クラゲに心があると言うなら、そのクラゲロボットにも心があると言ってよさそうです。それをどんどん複雑にしていったら、人間と同じ数くらいのニューロンがあって同じような動きをするものを作れば、それは人と同じような心があると言えるのか？ こういう問題に行き着いてしまいます。

「本当に心を作れるかどうか」という問いは、まず心の定義がきちんとできない限り答えが出ません。人工知能の心の所在についてはよく聞かれます。今の人工知能は「弱い人工知能」[9]と呼ばれ、単なるアルゴリズムにすぎません。その意味では、今の人工知能には心はありませんし、意識もありません。一方で、「強い人

---

[9] 弱い人工知能（弱いAI）は「特化型AI」と呼ばれることもある。一方、強い人工知能（強いAI）は「汎用AI」あるいは「意識を持つAI」と呼ばれることがある。

工知能」と呼ばれる「意識を持った人工知能」がいつ生まれるのかというのは難しい問題で、現在も多数の人工知能研究者が取り組んでいる問題です。少なくとも、私から言えるのは、あくまでも今の人工知能には直感と呼んでよいものはあるかもしれないが、心や意識がないということです。

　そして、「将来、人工知能が心や意識を持ち得るか」という問いは、意識を持っていないことは証明できても、意識を持っていることは証明できないでしょう。これは非常に哲学的な問題ですので、その解を出すためにもまだまだ研究が必要です。もしかするとそもそも解を出すことができない種類の問いなのかもしれないなと思っています。

第 5 章

ゲームから現実へ放たれる人工知能

三宅陽一郎 [ゲーム AI 開発者]

前説 ─── 森川幸人

　自分はAIの説明をするとき、よく「AIには、正しいAIと楽しいAIがあります」という言い方をします。

　「正しいAI」とは、正解がハッキリしている問題に対してAIを活用して、たとえばレントゲン写真で病巣を発見するとか、金融証券を作るとか、お客様サポートをするとか、天気予報をするとか、自動運転や旅行プランを作ったり、預貯金の管理や健康の管理をしたりするようなAIのことです。普段の生活に直接役に立つAIという言い方でもよいかもしれません。

　一方、「楽しいAI」というのは、小説や詩を書いたり、音楽を作ったり、絵を描いたり、俳句をひねったりといった創作活動や、愚痴を聞いてくれたりジョークを言ってくれたり、面白そうな場所やアイテムを紹介してくれたりするようなAIです。直接、生活の役に立つわけではないですが、生活に潤いを与えるエンターテインメントとして必要なAIと言えます。

　知能をざっくりと知性と感性に分けるとするなら、前者の正しいAIは「知性のAI」、後者の楽しいAIは「感性のAI」という言い方もできるでしょう。

　「正しいAI」は急速に発展していますし、まだらではありますが、すでにずいぶんと我々の生活に入り込んでいます。囲碁、将棋AIや病巣の発見などで、すでに人間の能力を上回っている分野もあります。

　一方、「楽しいAI」のほうの研究も活発に行われています。第1章にも登場していただいた、公立はこだて未来大学の松原仁先生が主宰する、星新一大賞にチャレンジして短編小説を書く「作家ですのよ」プロジェクトや、俳句を書かせる「AI俳句プロジェク

ト」、広告コピーを書く電通のAI「AICO」、レンブラントの絵を模倣する「The Next Rembrandt」、女子高生とたわいのない会話を楽しむLINEアプリ「りんな」など、たくさんのチャレンジがなされています。ただし、それらの表現力は人間には遠く及ばず、まだまだ道半ばな感じですが、チャレンジしがいのある楽しいAIとなっています。

◆ ◆ ◆

　「楽しいAI」の代表格がゲームAIです。さらにゲームAIには種類があり、「中のAI」と「外のAI」というものがあります。
　「中のAI」とは、ゲーム内のキャラクターの行動や判断をしたり、モンスターの行動や進化をコントロールしたりするAIです。ほかにも、目的地を設定したり、そこまでの最適なルートを見つけ出すAIなどがあります。要するに、キャラクターの「こころ」を司るAIということになります。
　ゲーム開発の場でもゲームAIの利用が試みられているため、それと区別するために、ゲーム世界の「中」で働くAIという意味を込めて「中のAI」という言い方がされています。それまでゲーム内のキャラクターたちの行動は、「こういう場合は攻撃しなさい。こういう場合は逃げなさい」などの判断と行動を、簡単なルールでコントロールしていました。もちろん、ルールを考えるのもルールを記述するのも人間がやっていました。
　思えば、ゲームの進化の歴史は、リアリティ追求の歴史でもあります。モノクロからはじまり、やがて8色、16色、ついにはフルカラー（だいたい1670万色）になり、キャラクターたちは、ドット画の静止画からアニメーション、やがて3Dモデルになりました。

ゲーム内でのモノの破壊や移動には、重力や摩擦など、現実世界の物理的作用も考慮されるようになり、炎、ほこり、雨などのエフェクトも加わり、音楽やBGMもリッチになっていきました。

　このように見た目はどんどんリアルになっていったのですが、キャラクターの思考はというと、長いこと、単純なルールで動いていました。見た目のリアリティとおつむの単純さというか機械感がとてもアンバランスな状態になっていました。

　AIの導入により、ようやくキャラクターにも「知能」や「こころ」が宿り始めました。このあたりの作業を担うのが「中のAI」となります。

◆　◆　◆

　一方、「外のAI」とは、ゲームの世界やキャラクターの「こころ」に立ち入らず、ゲームの制作現場を外からサポートするAIです。たとえばモンスターの進化、つまり攻撃力、守備力などのパラメータの値は、従来は人が考え、調整していました。

　RPG（ロールプレイングゲーム）のようなゲームの場合、主人公の成長に合わせて、遭遇するモンスターの強さも比例して強くなっていかなくてはバランスがとれません。常にユーザーをハラハラ状態のままにするには、強すぎても弱すぎても具合が悪いわけです。パラメータの値の調整は、ゲームの面白さを決める肝だと言えます。

　また、ゲーム開発中のいろいろなバグの発見や修正、主人公と敵の強さのバランス、宝箱の数と中身、出現するモンスターのグループ構成、ショップのアイテムの種類や売値などのバランスの調整が必要となります。

　これらの作業を今までは、センスの良いゲームデザイナーがや

っていましたが、昨今のようにゲームの規模が巨大化して、登場するモンスターの数も増え、バトルのルールも複雑になり、さらに最近の運営型のゲームでは、週単位で新しいモンスターを登場させないといけないスケジュールになっていますから、人手でこれらのバランス調整をするのは限界を迎えてきています。

　これまでゲーム制作者は、一般的なユーザー像というのを想定して、それに合わせてバランス調整をしてきました。このくらいのイベントがあればお腹いっぱいになってくれるだろう。このくらいの難易度があったほうがやりごたえを感じてもらえるだろうとか、こういうキャラクターのほうが愛着を持ってもらえるだろうなどと、平均的なユーザーのスキルや嗜好を想定しながらゲームバランスを調整していきます。

　しかし、この一般的なユーザー像の想定が失敗することが結構あります。力を入れたイベントが受けなかったり、思わぬキャラの人気が出たり、簡単かなと思った仕掛けが意外と苦戦されたり、想定どおりいかないことはザラにあります。ユーザー像の想定の成功、失敗は直接ゲームの面白さやセールスにつながるので、とてもやっかいな問題です。

　そこで今までは、ゲーム発売までに決め打ちしていたこれらのバランスをユーザーごとに動的に変更していく試みが始まっています。考えてみれば、蓼食う虫も好き好き、十人十色と言いますから、「平均的なユーザーのスキル、嗜好」を想定すること自体が無茶なわけで、ユーザーごとに最適化したバランスを提供するのが理想でした。

　これまでは、そうした機能を発売日までに組み込むことは不可能でしたが、それをAIが可能にしつつあります。この役割を担っているのも「外のAI」です。特に、ユーザーが迷ってたり、退屈し

てたり、飽きていたりしないかを監視して、それにあわせてモンスターの出現数や強さを調整したり、イベントを増やしたり減らしたり、町の人のメッセージを修正したり、ゲームを外から俯瞰して指示を出すAIのことを「メタAI」と呼びます。

以前は個々のユーザーに合わせて調整するなんて不可能だったのですが、メタAIを利用すれば、リリース後にユーザーに合わせたかたちでゲーム内容を変更したり調整できるので、この問題に対する1つの解決法となってくれることでしょう。

個人的には「メタAI」という名称は、いまいちわかりにくくて嫌いなので、説明などではよく「ディレクターAI」という言い方をしています。

◆ ◆ ◆

ゲームAIについての知見は、そのままエンタメ全体、つまり「楽しいAI」全体の役に立つと思われます。

ゲームは現実の環境を相手にしません。ゲーム内の世界は、非常にきれいで安定した世界です。しかもシンプルです。現実世界のように突然の騒音も振動もありません。極端な気温も暴風雨もありません。非常にノイズが少ない世界です。物理的制限も一切ありません。重力ですら、自分たちの都合のよいように調整できます。

逆に、物理作用のシミュレーション機能の向上に伴い、ずいぶんとリアル世界に近い形のシミュレーションも可能になってきました。AIの研究をする世界としては理想的です。現実の世界で動かなくてはならないロボットや自動運転の車、家電用のAIとは比較にならないほど自由度があります。

もちろん、ゲーム世界でのシミュレーションだけで、そのまま

外のリアルの世界で通用するAIの開発は無理でしょう。しかし、事前の学習として、ゲーム世界を利用するのは作業効率化になると思います。すでに、自動運転用のAIの開発で、初期のAIの設計、学習にゲームの世界が利用されています。

　三宅陽一郎さんは、ゲームAIの研究者兼開発者の第一人者です。いち早くゲームAIの開発に取り組んでこられ、最近ではスクウェア・エニックスの人気RPG「ファイナルファンタジーXV」のAI設計を担当されています。三宅さんが実際にゲームAIの設計を通して培われた知見は、ゲームだけでなく、広く「楽しいAI」に役立つに違いありません。

　ということで、三宅さんに、ゲームになぜAIが必要なのでしょうか？　ゲームにAIはどう使われているのでしょうか？　エンタメ全体にAIは必要でしょうか？　そうだとしたら、どういうところにAIは使われるのでしょうか？　などについてお話をうかがいました。

ゲームから現実へ放たれる人工知能　三宅陽一郎

■ プレイヤーをおもてなしする、ゲームAIとは何か？

　ゲームのAIは大きく分けると、ゲーム開発に使う「ゲームの外のAI」とゲームタイトルで使う「ゲームの中のAI」の2種類があります。前者の「ゲームの外のAI」はパラメータを自動的に調整する、デバッグ作業を人間の代わりに行う、品質保証を自動的に行う、などをやってくれる人工知能です。

　後者の「ゲームの中のAI」は、さらに3種類から成り立っていて、キャラクターの知能としての「キャラクターAI」、地形やマップなどの環境認識・解析を行う「ナビゲーションAI」、そして、ゲーム全体の面白さを演出するための、いわばゲームそのものが人工知能化した「メタAI」です。以降はこれらを総称して「ゲームAI」と呼びます。

　ゲームのキャラクターは、ゲーム世界の中で生きている「生物」（Life）であると同時に、プレイヤーを楽しませる「役者」（Actor）でもあります。学問的には、前者を「人工生命」（Artificial Life）、後者を「エージェント」（Agent）と呼びます。「エージェント」とは、ある役割・目的を持つ人工知能のことで、複数のエージェントが連携し合う分野を「マルチエージェント」（multi-agent）と呼びます。

■ ゲーム全体を見渡す「メタAI」

　しかしキャラクターだけではゲーム全体の局面が見えません。キャラクターたちをさらに上のレイヤーから、役者に指示を与える映画監督のように、キャラクターに指示を与える役割を持つAI

第5章 ゲームから現実へ放たれる人工知能

が「メタAI」です。たとえば敵のキャラクターたちがプレイヤーを袋叩きにしていたら「ちょっと手加減しろ」と調整したり「今からプレイヤーが来るから、ここに待ち伏せておけ」と指示を出したり、プレイヤーのスキルに合わせて出現（出演）するキャラクターの数を決定したり、その時々でプレイする場（Play Ground）を作っていきます。

ファミコン（任天堂、1983年）やスーパーファミコン（任天堂、1990年）の時代のデジタルゲームは、どの種類の敵が、どのタイミングで出現するかなどの設定を開発中にすべて決定してパラメータとしてプログラムに埋め込んでいました。ゲームの環境世界（ステージ、レベル）がまだ小さかったので、プレイヤーがこう来たらこう敵を出せばいいと、ゲームデザイナーがすべてを把握して設定し、またプレイヤーもそれで満足ができました。というの

も、この時代のデジタルゲームは「ある程度のパターン化された動きを見極めて攻略する」ということがひとつのゲーム性として確立していた時代でした。何度かプレイする中で攻略法を見つけること自体がゲームの楽しみの一角を占めていたからです。つまり、敵の弱点や、ゲームステージに隠された戦術的意図を見出すということです。攻略法以外の部分では、プレイヤーのアクションの腕が試されました。

ところが現代のゲームは「広大な世界の中でプレイヤーがどこに行ってもいいし、何をしてもいい」という、オープンワールドゲームが主流になっています。そういうゲーム世界では、かつてのように、あらかじめどの順番で何が起きるかが決まっているゲームの作り方はできません。

このようなゲームデザイン自体の発展・進化もあり、2000年代後半から、それまでゲームデザイナーが行っていた作業を自動的にゲーム内でリアルタイムに行う「メタAI」がゲームに実装されるようになりました。「メタAI」はゲームデザイナーが持つ知能を人工知能化したものです。そして、ゲームデザイナーは「メタAI」を作ることで、ゲームデザインを行う。ゲーム製作は巨大化するとともに、このようなメタ構造を持ち始めたわけです。

メタAIを実装する利点は、ユーザーのプレイログ（行動履歴）を取っておいて解析することで、「このユーザーはちょうど苦手なところに差し掛かっていて、このステージはちょっと進行が遅い」などという特徴（プロファイル）に応じて、メタAIがゲームの進行具合やバランスをダイナミックに調整できる点です。たとえば、プレイヤーがダンジョンのクリアに手間取っていたら、後ろから敵キャラクターに追いかけさせて出口のほうに追いやるなど、プレイヤーに気づかれないように誘導し、ゲームをうまく進行させ

るサービスをします。ゲームそのものをそれぞれのプレイヤーに細やかに合わせる、これはデジタルゲームでしかできないことなのです。

メタAIの起源は、1980年代のナムコ（現・バンダイナムコエンターテインメント）のゲーム[★1]でユーザーの強さに応じてゲームの難易度を調整するプログラムです。今のようにゲーム全体を調整するメタAIは2008年ぐらいから導入されるようになりました。

■ キャラクターに命を吹き込む「キャラクターAI」

とはいえ、現在のゲームAIの中心は今なお「キャラクターAI」です。ゲーム世界の中で、キャラクター自身が周囲の環境を感じて判断して、自分で体を動かす自律型AIを形成するのが「キャラクターAI」です。ゲーム世界の中にキャラクターを放り込むと、あとは与えた目的に応じて、それを遂行するように勝手に動いてくれる。そういう知能を作るのが今のゲームAI開発の一番真ん中にある技術的柱となっています。

キャラクターAIを実装してゲームのキャラクターを生き物らしくする理由のひとつは、ユーザー体験（エクスペリエンス）を向上させるためです。プレイヤーは何をするかわからないので、さまざまなアクションに対してうまく反応してあげないといけません。今のゲームは、昔のゲームよりも長い時間幅の中で計画を立てて行動できるキャラクターAIが求められます。そうしないと、昔のお化け屋敷のお化けのように、待ち伏せ敵キャラクターみたいなものばかりになってしまいます。ゲームの巨大化、複雑化、3D化によるその限界が2000年ぐらいに来ました。そこで、目標を与え

[★1] 当時のナムコのゲームとしては、『ゼビウス』（1982年）が有名。

れば以降は自分でやり方を考えて地形も認識しながら行動してくれるキャラクターAIの開発がゲームの発展に不可欠となり、ゲームAIの発展を促しました。

　ゲームAIが実装されたことで、ゲームデザイナーの仕事はどんどんメタ的なものになりました。簡単に言うと、ゲームデザイナーの仕事は一段階レベルが上がったのです。今のゲームデザイナーは、少なくとも大型ゲームでは、一部の例外的なキャラクターを除いて、昔のように各ステージ、各キャラクターごとにスクリプトを書くということはしません。代わりに、メタAIとキャラクターAIをチューニングします。実際、最終的にユーザーのプレイに応じたゲームデザインの微調整をするのはメタAIです。キャラクターの思考そのものもAIによって自動生成されていきます。足し算的にデータを積み上げていくのではなく、掛け算的にシステムを掛け合わせていくのです。

■ AIの実装が変えたデジタルゲームのあり方

　ゲームAIの役割は、あらゆる方法を駆使してプレイヤーを楽しませることです。ゲーム世界を遊園地にたとえると、遊園地にお客さんが来たら着ぐるみを着ているスタッフはお客さんを全力で楽しませなければなりません。ただし、着ぐるみのスタッフだけでは全体の統制が取れないので、どこかに設置してあるカメラから全体を見ている現場監督がイヤフォン越しに「ちょっとそこの君、サボらないで」とか「ちょっとここ固まりすぎ」などと指示を出して、できるだけお客さんを楽しませるように統率します。

　ゲームも同様にキャラクターAIたちがプレイヤーを楽しませなければなりません。ただし、キャラクターAIだけの判断だと統一が取れないので、全体を俯瞰的にコントロールする「メタAI」が

必要です。つまり、ゲームAIは互いに連携を取ってプレイヤーを「おもてなし」しているわけです。

　敵キャラクターだけではなく、プレイヤーの仲間のキャラクターも同様です。たとえば戦闘シーンでプレイヤーがやられそうになると、仲間のキャラクターがかばったり、回復魔法をかけたりしてサポートしてくれます。ただ、仲間のキャラクターAIも大局は見えていないので、放っておくとプレイヤーがやっつけようとした敵のトドメを刺してしまうなど、プレイヤーの見せ場を奪うことになりかねません。そうするとメタAIが、「ちょっとそこの君、何してんの。そこはトドメを刺さないで、プレイヤーに見せ場を作らないといけないよ。だから、他の敵キャラクターを攻撃して」と調整をかけます。つまりメタAIは敵だけではなく仲間のキャラクターAIにも指示を与えながら、ゲームフィールド全体をコントロールすることで、プレイヤーが「俺すげえ」感を適度に感じられる舞台を仕上げるようにします。

現実に出て行く人工知能

　このようなメタAIの技術は、現実世界の遊園地やデパート、ビルの受付など、ロボットたちが多数のお客さまを接客するときにも応用できます。エントランスやステージを上から見ているメタAIがいて、「あのお客様が迷っているから、ロボットAは助けに行ってきて」とか「この人は偉い人だから、この部屋にお通ししろ」とロボットのAIに指示を与えます。そのように上から俯瞰して状況を見るメタAIと、現場（下）にいるキャラクターAI（エージェントAI）たちが連携することによって、全体のサービスの質を向上させるのです。

　実際の仕事でも、筆者のところにはいろいろな企業から相談が

来ます。しかし、メタAI自体の共通基盤技術が確立していないために、パッケージして提供することができていません。メタAI技術をパッケージングして世に問うことが急務です。

このようなアプローチは、ロボット群のための「ファシリテーターAI」(調停するAI)として、昔からAI研究の中にありますが、ゲームにおいては、よりユーザーの心理的内面に密着したコントロールを行うことになります。つまり、すべては「ユーザーエクスペリエンス」、ユーザーの心理のためにあるということです。

人間の心理の動きをメタAIに埋め込む役割は、今のところ人間が担っています。狭い意味でメタAIと呼ばれているものとして、「AIディレクター」(AI Director) があります。AIディレクターは、ユーザーの緊張度を指標としてゲームをコントロールします。プレイヤーがゲームをプレイするとき、ずっと緊張させてしまうと疲れてしまうし面白くないので、時には敵を引いてリラックスさせてあげるのです。そしてリラックスしたあとで、再度、敵をいっぱい登場させるなど、メタAIの制御によって、ユーザーの心の緊張と緩和を交互に繰り返すのです。プレイヤーの緊張度を測定しつつ緩急をつけていくのは、この数年の定番のやり方のひとつであり、「エンターテインメントの基本は心理的な緩急である」というテーゼに沿った手法になっています。これは、最初に「AIディレクター」を発明したValve社のTurtle Rock Studiosのメンバー (2007年当時) が「Counter Strike」(Valve Corporation, 2000年) の世界的ヒットから気づいた原理です。これを人工的に再現するのがAIディレクターなのです。

あるいは、プレイヤーがスムーズにゲームをクリアすることを優先するならば、プレイヤーが手間取っていたら宝箱が見つかりやすいように敵を配置する、あるいはプレイヤーのスキルがそれ

ほどでもなければ強い敵の数を減らし弱い敵の数を増やす、などの対応をしていきます。ゲームデザインにはゲームごと、あるいはゲームデザイナーごとにさまざまな方針があり、その方針を実現することを目標としてメタAIが設計されています。

■ 人間を知る人工知能

　しかし、やがては「こうすれば人間が喜ぶに違いない」とメタAIが学習するようになっていくと考えています。今でもソーシャルゲームのデータマイニングは近いことを行っています。何十万、何百万プレイヤーの行動ログを取って、プレイヤーがゲームから離脱する原因を特定して次の週には修正するわけです。

　「こういうことをやってしまうと、プレイヤーが離れるのだ」という相関を、AIが自動的に抽出する、あるいはプレイヤーにとって快適なソーシャルゲームのプレイ時間と、プレイヤーの年齢層の相関も自動的に特定していきます。たとえば地方では4分のプレイ時間でよくても首都圏だと山手線1駅が2分半や3分なので、もう少し短いほうがよいなどを学習します。しかし、ソーシャルゲームの運営におけるデータ解析で行われているのは、これとは逆です。人間がこのパラメータとパラメータは相関があるはずだ、という予測を検証するために用いられることが多くあるのです。つまり、人間の直観の検証にビッグデータ解析やデータマイニングが行われているという実態があります。人工知能には問題を発見する力がないのです。

　デジタルゲームは、もともとコンピュータと人間がインタラクションする分野なので、認知心理学なども含めたゲーム以外の知識や技術が必要です。ただ、昔はゲーム開発そのものが成熟していなかったので、ゲームデザイナーの作家性が重視され、ひとつの

アートとしてゲームが作られる傾向がありました。アメリカはコンピュータサイエンスとしてのゲーム、日本は特にアートという側面が強いと思いますが、2010年代に入ってから、日本もようやくデジタルゲームをサイエンスとして捉えるような風潮が大きくなってきました。ゲームそのものが物理法則やAIのシミュレーションが入った世界になってきたことも背景にあるでしょう。最も大きい要因は、サーバーにプレイヤーのログなどのデータが蓄積されることで、プレイヤーが今何を感じて、何を欲しているかをリアルタイムで推測できるようになってきたことにあります。たとえば、オンラインゲームで、あるステージに最初10人いたプレイヤーが1人になっていたら、そのステージはものすごくつまらない、100人になっていたらとても面白い、とすぐにわかるわけです。それをもとに、ではなぜ悪かったのかを検証するなど、以前よりも科学的にゲームデザインを分析できるようになりました。

■ コンシューマーゲームを支える「ナビゲーションAI」

2010年以降にモバイルゲーム市場が伸びてきて、2015〜2016年頃に、モバイルゲーム（ソーシャルゲームなど、主に携帯電話などで行うゲーム）とコンシューマーゲーム（ゲーム専用機上で行うゲーム）と呼ばれる中型・大型ゲームの市場規模が並ぶようになりました。毎日ユーザーのログを取って、何が悪いかをデータマイニングして、次の週には直すというサイクルを毎週やっているモバイルゲームに対し、コンシューマーゲームも昔のように長時間かけて開発した後に「俺の作品であるゲームを見ろ」というやり方で作るわけにいかなくなりました。

現在ではコンソール（ゲーム専用機）は、全部ネットにつながってデータが取れます。ある意味、そういうITテクノロジーからの

流れに遅れているところがありますが、ようやく、データサイエンスからデジタルゲームを科学する土壌が整ってきたと言えるでしょう。これまでは大型ゲームの開発に携わる人間がプレイヤーの動向をリアルタイムで知りたいと思っても、コンシューマーゲームでは技術的に不可能でした。それができるようになっています。

　一方で、体験（エクスペリエンス）をその場で創造していくことも必要とされています。没入感や体験を売りにするような大型ゲームでは、その場での体験を作るために、より感覚に訴えられるようキャラクターたちを動かさないといけない。それを担うのが、メタAIやキャラクターAIやナビゲーションAIです。実は、この3つのAIはモバイルゲームではほとんど実装されていません。なぜかと言うと、モバイルでは、そこまで大きなゲーム空間がないので、仮に入れたとしてもユーザーエクスペリエンスまで届かないからです。それよりも、日本のモバイルゲームではシンプルなアクションや、カードやアイテムのコレクション性に重きを置いています。

　先ほどお話しした遊園地の例を続けさせて頂くならば、コンシューマーゲームのキャラクターAIは"劇団員"、メタAIは"監督"で、モバイルゲームに実装されているAIは"劇場支配人"のような立ち位置にいます。客の入りが悪かったら「お前の演技が悪いんだ」とダメ出しして、1週間おきに劇団員を集めてストーリーを変える。そういう長い舞台の興行主みたいなAIがモバイルゲームのAIです。常に数字と格闘しながら、数字の向こうにユーザーの動向を追います。極論を言うなら、コンシューマーゲームはお客さまが「プレイヤー」、ゲームに参入してくれる者であり、モバイルゲームはお客さまが「ユーザー」、つまりサービスの利用者です。

■ キャラクターAIの行方

　AIというものは感覚的なものや人間味のある領域を扱うのが苦手に見えますが、そうとも言えません。むしろ直感的な意味では、人間とよく似たAIがキャラクターAIだと言えます。劇団員が人間であれば、人間的な判断をするところをAIに置き換えていますから。これは人間味のある「ヒューマンライクAI」（Human-like AI）とも言われ、世の中でもイメージされやすいAIです。キャラクターAIが完全な自律化に向かうには時間はかかると思いますが、道筋はこの15年ぐらいでできたと思います。ゲームがひとつの世界になって、キャラクターAIを自律化させようとした時点で、「自律化」の道へのスタートはすでに切られています。しかし、現在は「作り込み」と「学習」が混在している状態です。これが完全に学習型になれば、人の手でチューニングしなくても、勝手にその場で学習して進化していくと思います。そこに生物学的な知見や哲学的な意思、認知も入ってくるでしょう。医学は人間のいろいろな面を内包している学問ですが、AIもそうです。医学は生身の人間を研究しますが、AIは仮想知能を研究することで人間を知ることができます。この2つの学問は、ちょうど対照的な関係になっています。

　知能と身体が渾然一体となったテーマとして内包されるところがキャラクターAIの一番魅力的なところです。頭脳だけだったら問題は"乾いて"きます。つまり純ロジカルな問題になってくる。将棋や囲碁などがそれに当たります。純ロジカル（論理的）な問題は問いを立てた時点で答えの形式も決まります。あとはそこに至る方法が課題となります。もちろんそこに深みがあり、研究領域として明確に定義され、共通基盤が共有化されやすいわけで

す。しかし、リアルタイムでインタラクティブであるゲームAIの基盤は複雑で見えづらく、そうはいかないのです。ゲームAIもやはり他の人工知能の分野と同じように、外側に向かって発展しながらも、本質的に内側へ向かってその定義自体を探求していると言えるでしょう。

　キャラクターは身体を持っているので、キャラクターAIは身体と環境と知能という3つの領域にまたがるウェットな問題になります。ここで"ウェット"と言っているのは、純ロジカルな問題に還元できないダイナミクスを持っているという意味です。身体と環境は物理的インタラクションをして、知能は身体を基準として環境を認識しようとし、身体と知能はお互いに連携して運動を作っていく。三つどもえの関係になっている以上、厳密に解くことは難しい。そうなると一瞬一瞬、完全な運動の解を求めることはできず、あまり賢くない「とりあえずの意思決定」をつなぎ合わせて、一連の運動を作り上げていくことになります。さらに、キャラクターは、プレイヤーに対してエクスペリエンスを作っていくことになるので、そもそも目的からして解を求める純ロジカルな問題ではありません。人間を喜ばせるという目的は、学問の目標としてあまりエレガントではないけれど、サイエンスとエンジニアリングと人間が交差するデジタルゲームの人工知能の最も面白いところだと思います。

なぜ人工知能に哲学が必要か？

　哲学が今後のAIを発展させていく上での足場になるという話を私がしきりにするのはなぜかと言うと、果たして我々が哲学なしに物を作っているのかというと、案外そうでもないと思うからです。たとえばマイクロフォンや携帯も、「機械論」という、物事は

原理で動いているという哲学の上で作られています。そういう世界観ができたのはルネサンス以降、さらにデカルトに代表される近代合理主義以降の、たかだかこの300年や400年の話です。機械論や合理主義は、すでに我々が生まれた時から世界がそれに基づいて成り立っているので、ふだんは意識することがないと思います。

　しかし、人工知能を作るということは、機械を作るのとは違うわけです。なぜなら、知能を作るということは、単に外側から見える機械構造を組み立てるだけではなく、AI自体の意識や経験を作ることも含まれるからです。そうなると、これまでの合理主義と機械論という足場だけでは、知能を捉えきれなくなります。再現性のあるものを扱う科学は1回きりの体験を扱いません。ですから意志も意識も経験も扱わない。人工知能を作るためには、そういった一度きりの精神の現象を捉える新しい足場を拡張しないといけません。哲学が必要だというのはそういう意味です。

■「人工知能のための哲学塾」

　これまでの機械論や合理主義を真ん中に置きつつ、人工知能のための哲学においては、それを拡張しないといけない。1900年以降の100年間、実は合理主義と機械論を超えようとする哲学が山のように提唱されてきました。むしろそちらのほうが20世紀の哲学としては主流だったので、そういう哲学をたくさん取り込んで人工知能を作る機会はとっくの昔に来ていたはずです。

　たとえば、20世紀最大の哲学のひとつがフッサールの現象学でした。現象学は、デカルトが提唱したような「我思う、ゆえに我あり」という思惟の世界ではなく、それを拡大して経験そのものから出発しようという大きな転換点を作りました。その流れに続いて、

合理主義や機械論を超えようとする哲学が提案されました。それらの哲学を、人工知能を軸に人工知能の足場として再編することで、これまで人工知能の足場のなかった所にまで足場を延ばすことができると私は考えています。そのための材料はすでに十分にあります。あとは、それらを持ってきて橋を渡せばいい。そういう作業をまずやらなくてはいけないと思います。

　2015年から有志と開催している「人工知能のための哲学塾」は、第一期に西洋哲学篇、第二期に東洋哲学篇を連続開催しました。どこまでが西洋哲学でどこまでが東洋哲学かを厳密に線引きするのは難しいのですが、私の立場としては、ヨーロッパで育まれた哲学を西洋哲学、仏教もふくめたインド哲学や中国で発展した哲学を東洋哲学と呼ぶことにしています。本来なら両者は対立する

ものではないかもしれませんが、あえて対立させて議論をしたいと考えています。

　なぜかというと、今の人工知能は西洋哲学の上に構築されているからです。それとは異なる人工知能、あるいは知能の捉え方を東洋の思想はたくさん持っているので、西洋哲学の考えとは逆の側から探求することによって、西洋哲学で欠けている設計思想を浮き彫りにしたいと思っています。

　たとえば、西洋の人工知能は機能論によって設計されています。知能というのは知的能力であり、その能力をコンピュータによって実現するという立場が極めて強い。機械は本来人間とは異なる存在、なぜなら神の下に人間がいて、その下に機械があるという明確な垂直的ヒエラルキーが彼らの中にあるからです。機械は人間とは対等になり得ないので、人工知能も人間に似せる必要はない。これは西洋的な立場に立てば極めて当然の考え方です。むしろ人間の近くあってはならない。人間は神から特権を与えられた存在なので、人工知能は人間の知的機能を模倣した人間のサーバント（召使い）としての位置にあればよろしいということです。

■ 日本の独特な生命観と人工知能

　そのような考え方が西洋人の強いドグマ（偏見）として存在しますが、東洋人は別にそんなことは考えていなくて、人間と人工知能はそこまで違う存在じゃないという立場も時には取るわけです。東洋は人工知能を深く受容することができ、自分の仲間、友達としての人工知能、あるいはペットの人工知能と捉えたりします。これは縦の序列を重んじる西洋人から見ると意味がわからないでしょう。「なんで犬の人工知能をつくるんだよ」と。実際、西洋にとっての人工知能とは、人間の知能を模倣した人工知能であり、人

間以外の知能を参照する分野は人工生命と呼ばれます。

「ドラえもん」や「鉄腕アトム」のようなアニメも、日本ならではの作品だと思います。西洋は「トランスフォーマー」などがありますが、あれも生命体と呼んでいます。東洋の人は自分の生活の中にスッとAIを入れるし、人間や生物の姿にしようとする。そのような思考の整理を西洋人はやりたがらないので、スマートスピーカーも筒とか球といった、いかにも道具という外観にしたがるのです。

そのようなスマートスピーカーの対抗馬として日本人が作ったのが「Gatebox」です★2。「Gatebox」は透明な円筒形ボックスにキャラクターを投影し、持ち主と会話します。西洋人からすると、なぜこのような萌えキャラじゃないといけないのかわからないでしょう。「クレイジーだぜ、日本っておかしい」というのが海外での評価になるわけです。彼らにとってはカーナビもただ声が出ればいいわけです。でも、日本だとキャラクターを入れようとします。

日本人はアニメ業界もゲーム業界も、キャラクターを本当に実在するように扱っています。日本という島の上では、キャラクターには強い生命感が与えられるのです。西洋だと、ファーストパーソンシューティング（FPS）ゲームで、プレイヤーが敵を吹き飛ばして「ハッハッハ」と笑っていたりする。これはある意味、キャラクターの実在感が薄いことによるものです。

キャラクターへの愛は、これまでのアニメ業界やゲーム業界を育んできた日本の大きな土壌なのだと思います。キャラクター文化やキャラクタービジネスと言われるものも、そこで形成されて

★2 Gateboxは、Gatebox株式会社が2018年7月31日に発売した「好きなキャラクターと一緒に暮らせる世界初のバーチャルホームロボット」。価格は15万円（税抜き）。詳細 https://gatebox.ai/home/

いる。たとえばバレンタインになると、アニメキャラクターのファンはアニメ会社にチョコレートを送り、ゲームキャラクターのファンたちはゲーム会社にチョコレートを送ってくるわけです。

■ 2つの人工知能観の止揚（アウフヘーベン）

生命ではないものに生命を見いだすことを、東洋では違和感なく受け入れられています。しかし、それは西洋の思想から見れば本来許されないことです。生命というものは、すべて神様が与えたものであって、人間がそれを他の生命に与えることはできないと考えています。

そういう意味では、日本の生命観に基づいた人工知能観は、人工知能が開発される土壌としては特異なところがあります。それは大きなポテンシャルだと思います。西洋哲学に基づいてできた人工知能だけでは不十分です。西洋が半分、もう半分は東洋的な要素が必要です。どちらが優れているということではなく、両者を合わせて止揚（両者の対立を肯定的に乗り超えること、アウフヘーベン、auf-haben）することで、次の人工知能を作らなければいけないのです。今はディープラーニングを動かす人工知能が好調なのでいいと思いますが、いずれ行き詰まったときに、東洋哲学に基づく人工知能が次のブレークスルーになるでしょう。ですから、この2つをちゃんと押さえておけば、人工知能は次の段階にいけると考えています。

ゲームにおいて開発者側にしてもユーザー側にしても、東洋のほうに大きな伸びしろがあると思うのは、東洋哲学に基づく人工知能については、まだ明文化されていないし探求も極めて少ないからです。日本人をふくめた東洋人は、自分たちの足元に人工知能があると思っていない。人工知能は海の向こうからやってきて、

データ解析をしたり、特徴量選択をしたりするものだと思っているふしがあります。それは大きな間違いです。次なる人工知能を担うのは、東洋思想なのです。我々には、そこから西洋に対して新しい人工知能像を提案する義務があります。そこには大きな議論が必要でしょう。しかしやがて、西洋と東洋の対立は消えて、新しいステージに人工知能を運んでくれます。

現在、社会においては2つの人工知能が混沌としています。西洋から来たサーバント（召し使い）としての人工知能、そして東洋から来た人と同等の仲間としての人工知能。この2つが同じレベルで提案されています。それが社会における人工知能観を混乱させ、人工知能に対する拒否感を助長させています。それが人工知能危機論や「人工知能が人の職業を奪う」という不安につながっているのだと思います。

西洋の人工知能に対するカウンターとしての東洋の人工知能が、ようやく最近出てきました。私たちが思っている人工知能のイメージはこうで、西洋から来ているのはちょっと違うな、みたいなのがわかってきたことで危機論も緩和されてきました。日本の人工知能開発の良いところでもあり悪いところでもありますが、日本人が人工知能を作ると東洋的な全体性の中で考えるので、何となく東洋的な人工知能になってしまいます。生まれ変わった「aibo」（ソニー、2018年）もまさにそうですし、私が作るゲームのキャラクターもそうです。

今は世界的に合理主義・機械論的なディープラーニングのほうにアクセルを踏んでいるので、東洋的な方向にアクセルを踏んでいいのか躊躇している状態だと思います。踏み込むためには、アクセルの位置を示さないといけないので、私はその最初の掘り起こしをやりたいと思っています。そのための足がかりとなるのが東

洋哲学です。そこから東洋的な人工知能の本質にあるものを示さねばなりません。その研究の成果は、拙著『人工知能のための哲学塾　東洋哲学篇』(ビー・エヌ・エヌ新社、2018年)にまとめています。内と外を分かつ西洋の人工知能に対して、東洋の人工知能は、外が内に入り込み、知能の中心には空があり、即ち世界そのものがある。世界と世界のはざまに人工知能がある、というアプローチです (図5-1)。

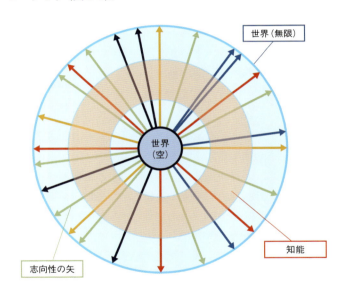

図5-1　世界 (空) と世界 (無限) のはざまに人工知能がある

日本が持つアドバンテージは何か

ところが、多くの日本人は日本が持つアドバンテージに気がついていません。たとえばキャラクター文化は世界中のどこにでも

あると思いがちですが、海外に行くと、キャラクターものはほぼ子ども用だけです。このようなキャラクターは子どもだましの類で、子どものうちはそれを本当の生命だと思っていますが、やがてそこから卒業をして、西洋的な大人の文化の中に入っていきます。

しかし日本は社会の隅々にまでキャラクター文化があって、年齢も問いません。ですから日本は、キャラクター文化と人工知能を融合させるのに一番いい場所です。「初音ミク」(クリプトン・フューチャー・メディア、2017年)をあそこまで育てたのは日本のユーザーと何より「初音ミク」に実在感を与える、この日本の土壌です。「初音ミク」は日本の風土の空気を吸って成長したのです。

日本のクリエイターは、キャラクターと人工知能を融合させて成長させられる一番いい場所は日本だというアドバンテージに気づかねばなりません。ゲーム業界にいる我々はそれをよく知っているので、うまくその事実を世間に伝える義務があると思います。

理想としては2020年までに、街中にキャラクターをあふれさせること。それでオリンピックを観に来た外国人が、「ここは何なんだ？ 不思議の国ニッポン！」と驚いてから自国に帰ると、「なんか俺たちの街、寂しいな」と思ってほしい。

残念ながら人工知能全体では、日本は世界的なアドバンテージを取れないと思いますが、キャラクターのAI、要するにキャラクター文化と人工知能が融合する場所においては、必ずトップを取れると思います。それは技術的な問題だけではなく、文化的な土壌を必要としますから。「地震の研究をしたいな。そうだ、日本へ行こう」となるのと同じように「キャラクターの研究をしたいな。そうだ、日本へ行こう」というポジションを取れるはずです。

それができるのは、土壌があるからです。日本から世界を驚か

せることができる。グーグルという企業が、なぜあそこまでデータにこだわるのか。それははっきりしていて、グーグルという会社自身にはコンテンツを生み出す方針がないからです。グーグルは自分たちのコンテンツを絶対に作らない。グーグルが持っているコンテンツは、検索エンジンという情報を解釈する巨大な装置を使って世界中から集めたデータです。グーグルマップも動画も全部そうです。彼らが自分たちで作り出すものはない。そこがまったく新しい点ですし、見事なまでに統一された方向です。それが、グーグルを世界企業へと押し上げました。

■ キャラクターは世界に溶け合う

ところが、ゲーム業界は逆です。オリジナルのものを作り出す。実はそこに欠点がありました。世界はデータにあふれているのに、手作りにこだわった。データを収集することなく、ひとつずつ丁寧に作り上げた。それが世の中のデータの流れから生まれるIT企業の流れとの技術的断絶を生み出した。そして、グーグル発の「Ingress」(Niantic, 2012年) の見事なまでに世界のデータを活用した新しいゲームは、ゲーム産業から出すことはできなかった。一方、これはゲーム産業に対する強烈なカウンターとなりました。ですから今後は手作りのデータと世界にあふれるデータを融合する先にこそゲームの新しい未来があるのです。

キャラクター研究は、何かを作り出す側に立たなければできません。この研究こそ日本のゲーム産業で盛り上げていくべきです。そして、それを世界のデータの中に溶け合わせていくことで、ゲームを超えて、社会の中へ新しい人工生命を放つことになるでしょう。

第6章

AIは道具であってほしい

糸井重里 [「ほぼ日刊イトイ新聞」主宰]

前説 ── 森川幸人

　AIについて論じた文章で、「シンギュラリティ」という言葉をよく目にします。第3章の「前説」でも書きましたが、「シンギュラリティ」という言葉はもともと物理学の用語で、日本語に訳すと「特異点」となります。

　これに対して、AIの話でよく語られる「シンギュラリティ」は、前述の物理学のシンギュラリティと区別して、「技術的特異点」と呼ばれます。これはアメリカの未来学者であるレイ・カーツワイルが提唱した言葉です。カーツワイルは、次のようなことを述べています。

　　どんどん進化していくAIは、やがて人間の「知能」を超えてしまう。そうなったとき、我々は、AIが何を考えているかわからなくなる。どうしてだかわからないけれど、人間より正しい計算や判断や推測をするので、人間はAIの判断に従わざるを得なくなる。

　　そして、AIが人間の知能を超えて、それ以降はAIが自律的に自ら進化を続け、人間との能力差はどんどん広がり、後戻りできなくなる。やがて人類はAIに支配されることになる。

　ざっくりまとめると、こういう警告でしょうか（あー、怖い）。そして、人間とAIの能力がひっくり返る時を「技術的特異点」と呼び、著書の中で、それはだいたい2045年くらいになるんじゃないかと予測したことから、「2045年にAIが人間を支配する！」というセンセーショナルな警告が一気に世に広まりました。

　もっとも彼自身は、警告と言うよりは素晴らしい未来として発言

している気がします。

　シンギュラリティが起こるか、起こらないか？　起こるとしたらどんなことが起こるのか？　これはAIを研究されている方の中でも意見が分かれているようです。そもそも、カーツワイルの予言の根拠である、なんでもできるAIである「汎用AI」がそれまでに作れるのか？　計算可能な「知性」が「知能」のすべてだと言えるのか？　いろいろと疑問があります。

　ただし、人間は、車やめがね、各種工具、コンピュータ、スマホなどいろいろな道具を発明して自分の能力を拡張し続けてきました。それが脳に及ばない理由はありません。AIが脳の機能を拡張する、彼の言葉を借りれば「ポスト・ヒューマン」の出現は、リアリティがあります。

　万が一、シンギュラリティなる現象が起こることがあったとしても、少なくとも、オリンピックの年とか月食が起こる年のように、はっきり年を特定するのはムリがあるんじゃないかと考えるのが自然なような気がします。

　さらに、あらゆる分野で同時にシンギュラリティが起こるというのも考えにくい気がします。現に、第3章でも説明したように、将棋や囲碁の世界では、ある意味すでにシンギュラリティが起こってしまっていると言えます。ひょっとしたら、文学や芸術などの世界では起こらないかもしれません。

　そもそも、シンギュラリティって何なんでしょうか？　シンギュラリティとして、具体的にどんなことが起こるのでしょうか？　そのあたりがハッキリしないため、シンギュラリティ問題についての議論はフワッとしたものになりがちです。

　ここでは話を明確にさせるため、「シンギュラリティで人の仕事が奪われる」問題に絞って考えてみたいと思います。

AIに限らず、新しい機械技術が開発されるとなくなる仕事があります。これはもう蒸気機関の発明から、コンピュータ、インターネットの発明でも同様のことが起きています。いや、きっと、文字の発明、車輪の発明からでも起こっていることでしょう。ひょっとしたら、火をおこすことを発明した時点でも起こっているかもしれません。

　技術を一新してしまうような大きな発見や発明だけでなくても、ライターやボールペンや電卓の発明、ファスナーの発明、天王星の発見などといった小さな発明でも、きっと「仕事がなくなる」現象は起こっていることでしょう。ですので、AIによってなくなる仕事があることは自明と言えます。

　ただ、少子化が叫ばれている現在、特に日本などはAIによってもっと人のやる仕事を奪ってもらわないといけないんじゃないかという指摘もあります。また、なくなる仕事があることだけをもって、警鐘を鳴らすのはいささか短絡的すぎるでしょう。AIによって新たに生まれる仕事も多くあるはずだからです。

　そのことは、今までの機械技術の進歩と仕事の創出の歴史を見れば明らかです。AIによってなくなる仕事はありますが、きっと、それより生まれる仕事のほうが多いことでしょう。もちろん、普段の生活はAIがない時代よりAIがあった時代のほうが便利になるに違いありませんが。

　AIの活用によってむしろ仕事は増えるはずだという指摘は、AI支持者によって多く語られています。その際、AIウェルカムの理由として、よく挙げられるのが次のようなものです。

　単純で退屈な作業、あるいは危険な作業や創造的でない作業はAIを使ったロボットに任せ、人間は楽しい、あるいはクリエ

イティブな仕事を担当すればよい。AIによって、人間がもっと人間らしい創造的作業に従事できるようになる。

　これを聞いて、なるほどなと思いました。たしかに、産業革命以来、単純作業は機械やコンピュータがやってくれて、人は機械ではできないような複雑な作業を担当するようになりました。
　そのとおり！と思うと同時に、何かしら、腑に落ちないところがあるなという感覚もありました。何がひっかかっているのか、自分でもよくわかりませんが、諸手を挙げて賛同するとまではいかない、なにかモヤモヤした残尿感みたいなのがあったのです。
　そんなとき、糸井さんがツイッターかなにかで「AIは単純作業、人はクリエイティブな仕事みたいな分け方っていうのは、ちょっと窮屈すぎるんじゃないか？」みたいなことをつぶやかれたのを目にしました。
　瞬間、自分のモヤモヤがなんであったかわかった気がしました。
　そもそも、「単純作業は非人間的な作業である。クリエイティブな仕事だけが人間らしい仕事である」という定義自体が、間違っているとまでは言いませんが、少しきまじめすぎるというか、空想が入っているというか、原理主義的になっているのではないか。
　単純作業だって人がやるに値する仕事はあるし、クリエイティブな仕事だけが人らしい仕事というのは、おこがましい気もしますし、人はみんな立派で賢く、本来的にクリエイティブでありたいはずだという前提も何かしらインテリくさい気がします。
　人って、だらしないし、頭も悪いし、意地の悪いこともずるいことも考えるし、休みたいとか楽したいとか思う、そういう堕落した一面もある。そこまでまるっと含めて、人間て面白いんじゃないか。とまあ、こんなように糸井さんのつぶやきを勝手に解釈した

のでした。
　実は、最初の企画では、糸井さんにお話を聞くことは予定に入っていませんでした。ただ、先のつぶやきを目にして、是非、もっとそのあたりのことを詳しくお聞きしたいと思い、急遽、本書の構成もろもろを調整して、たまたま、以前から仲良くしていただいていたことをいいことに、ごり押しでお話ししていただくことになりました。

AIは道具であってほしい　糸井重里

■ 手編みのセーターが価値をもつのはなぜか？

　AIについて、いろいろな人が「クリエイティブなことは人間がやって、そうじゃない雑用や単純作業はAIにやらせればいい」と言っているのを、ぼくも最初は「そうなんだろうな」と聞いていたのです。だけど、よく考えてみたら、純粋にクリエイティブだけの仕事や、アイデアのみを求められる場面って、日常のなかにはそんなにはないのです。電気掃除機があれば掃除に使っていた時間がずいぶん短くなりますね、という話ならわかるのです。ただ、それで節約できた時間を、もっとクリエイティブなことに使いましょう、と言われると、「クリエイティブなこととは、いったい何のことでしょうか？」となるわけです。何がクリエイティブなのか、何が欲しいかもわからない状況で、「みんながクリエイティブになれるんだよ」と言われても、半年にいっぺんくらいじゃないですか、クリエイティブのみが必要になるような場面って。

　たとえば、会社のなかにクリエイティブな仕事と、あるプロセスを確実にこなす単純作業があるときに、クリエイティブなことを単純作業の上位に置きすぎているように思うのです。頭のいい人はみんな、単純作業はムダだと思い込んでいるみたいだけど、単純作業にもいろいろあるわけでしょう。たとえば、猫の絵を描くと決めて、その柄や毛並みなんかを機械的に塗っていくのは単純作業かもしれない。でも、その単純作業は、すごくうれしかったりする。塗りながら、「ああ、これ、俺がいつも見てる猫だな」って、しみじみ感じたりする。こういうときに、「猫の毛並みを塗るのは人工知能がやってくれるよ」と言われても、その作業を渡したくな

いでしょ？ その渡したくない作業や労働と呼ばれているものを、AIを語るときに、みんなが軽んじすぎていると思うのです。

ぼくのまわりにある実際の話をしてみましょう。たとえば「気仙沼ニッティング★1」という会社では、手編みであることを事業の軸にしています。編み手の人たちは、これまでに何度も編んだことのあるセーターを、せっせと編んでいる。セーターを編み進めていく部分というのは機械に任せることもできます。でも、編み手の皆さんがおっしゃるには、編む作業をしていると、すごく心が落ち着くそうです。セーターを編むことは誰かのためになることでもあるし、そのリズムのなかで体を動かしていく作業は、誰にも取られたくない仕事なんだそうです。もちろん、それが面倒くさいと言う人もいるでしょうし、生産性を上げてたくさん売りたいという人だっているでしょう。でも、少なくとも気仙沼ニッティングの場合は、セーターを手で編むということに強く意義を感じている。

★1　気仙沼ニッティング（宮城県気仙沼市）は2013年に設立。編み手さんたちが一着ずつ、手編みをして注文者の人に届けるという仕組みを取っている。

いくら機械で編んだほうが目が揃って速く編めるといっても、それを機械に渡すわけにはいかないのです。

　それは逆の側から見ることもできて、できあがったセーターが手編みであるということを、お客さんはとても喜んでくれる。それは、すこし大げさな言い方をすれば、セーターを編むことに命を使っているからじゃないかなとぼくは思っているのです。つまり、そのセーターには編んだ人の時間が込められている。できあがったセーターはその時間の記録なのです。そこに編んだ人の命が込められているといってもいいんじゃないかと思っています。いま、そういうものを人はたしかに求めているし、それは理屈と効率だけではたぶん説明できない。

　もっと言うと、スポーツなんて、理屈と効率でとらえたら意味がないことばっかりですよね。たとえば、マラソンをある場所から42.195キロ離れた場所にいくだけの作業と考えたら、なぜ人がそれを一生懸命やるのかということになってしまう。猫のお世話とかもそうですよ。エサやりとかトイレとか、猫の面倒をロボットがぜんぶやってくれるとしたら、猫を飼う意味ってなんでしょう？

　つまり、生きることそのものがよろこびであることを、人間というのは感じ取りたいんだと思います。今日起きて、「何しようかな」って考えたい。「庭の掃除をしよう」と思って飛び起きる人もいるし、古典を読んだり、むずかしい数学の証明に挑戦したりすることもそうです。それは、どこからどこまでがクリエイティブな仕事だというふうにとらえるのではなく、自分が自分の全部を使ってよろこぶ時間が欲しいということなんだと思います。

　だから、AIがどうなっていくのか、何ができるのかということを、「こんなにすごいですよ」と箇条書きにする前に、「人のよろこび」みたいなものについて、もっとちゃんと考えないといけない

と思います。無駄がなくて、安全で、正確なものが、本当にいちばん欲しいものなのかどうか。

　ぼくは自分がつくった『MOTHER3』★2というゲームのなかに「ぜったいあんぜんカプセル」というものを登場させました。そのなかに入ると「ぜったいあんぜん」で、永遠に生きられるんだけど、一度閉めると二度と外に出ることができない。はたしてそれがいいのか、悪いのか……。それこそが、いま語られているような進化を突き詰めていった先にある、ディストピアかもしれないとぼくは思うのです。

■ 偶然というものは自然物ではない

　思いがけないアクシデントとか、不慮の事故などに遭遇したときに、どういう態度を取るのかといったところに人の本質は現れてくると思います。そして、そういった本質的な行動を繰り返すことで、その人そのものができていき、思いがけないことに対応していくことで、その人は成長していく。そんなふうにぼくは思っています。ですから、安全圏に留まったまま外に出ないというのは、ちょっともったいない。「なんでこんなことになるの？」という物事に出会って、そこで湧き起こってくる無数のジャッジが積み重なって、右にいくとか左にいくとか、覚悟を決めて迎え撃つとか、全速力で逃げるとか、いろいろな行動になっていくわけです。そのとっさの出来事を迎え入れた人だけが、人間としておもしろくなれるのだろうとぼくは思います。

　ですから、若いときの苦労は買ってでもしろということをぼくは

★2　『MOTHER3』は任天堂のRPG（ロールプレイングゲーム）。2006年に発売。糸井重里は開発者として名を連ねている。

あんまり言わないのですけど、できるかぎり偶然に身を投じたほうがいいと思っています。なんでもいいんですよ。たとえば、訳のわからないことを言っている人の話を我慢して聞いてみるとかね。いままでの自分にないものとできるだけ向き合って、自分なりに判断していくことはすごく重要です。新しい判断や新しい選択は、新しい行動につながります。人間が生きていくなかで、物事をひとつの価値観に当てはめてジャッジするのはラクかもしれませんが、それだけではおもしろくない。判断の材料や環境に偶然というものが入ってくると、当然、都合が悪いことが増えます。けれども、その都合の悪さが人を活性化させるし、クリエイティブのもとになるとぼくは思います。

　AIの話に戻っていうと、AIを人間に似せようとしたとき、偶然の要素やランダムにかかわってくるものも、ある程度計算してそのなかに組み込んでいかなくてはいけないと思うのですけど、その偶然やランダムというもののとらえかたが、まだまだ雑なんじゃないかと思うのです。たとえば、「自然」というものを想像すると、どうしても安定した自然というものを描いてしまう。山があって、風が吹いて、木が育って、という具合です。でも、ほんとの自然はそんなに安定しているものではなくて、ひっきりなしに何かが何かにぶつかってという連鎖が起きています。それこそ、複雑系がはやっていた頃に言われていたバタフライ・エフェクトみたいなことが常に起きている。

　そういう複雑な偶然をしっかりつかんでいかないと、AIを取り入れるにしても、おもしろくないですよね。最近、新しい分野に取り組んで大成功した人が、インタビューとかで「あれは偶然です」とか「運がよかっただけです」なんて言ってるのを目にしますが、それは真実だと思う一方で、その人がその偶然や運を「よくよく

見ていたからつかむことができた」ということでもあると思うのです。観察のなかから運や偶然をつかんで、さらにうまくいくまで培養しつづけたのが、Amazonみたいな世界的に発展している企業なわけでしょう。

　ぼくなんかがまだまだダメなのは、最初のアイデアを大事にしすぎて、純粋な子どもを育てようとしちゃうのですね。最初に見えたコンセプトとだいぶズレたねとか言われたくない気持ちがちょっとあるのです。それは、ぼくがなまじ職人として腕を振るっていた時代があるので、自分の専門性を見せたい気持ちがあるからでしょうね。クリエイティブな人たちは、みんな腕に覚えがあるから、その腕を見せたくなってしまいがちなのですけど、いってみればそれは御前試合なわけで、御前試合で名を挙げてもなんの意味もない。それよりは、御前試合をやっているうちに殿様がそれを見て、「ちょっと、肉を切らせてみようか」みたいなことがあって、それがきっかけで剣の使い手が名料理人になる、みたいな。そんなふうに、思ってもみないことになったほうが、結果的に人類の資産を増やすんじゃないかと思います。

■ AIはどのように進化していくのか

　AIは合理性を追求するのは得意だけど、その一方で生身の人間のことをないがしろにしてしまう危険性もあると思うのです。それは、「ロボットには感情がないから」というようなことではなくて、具体的な要因として、人間関係とかプライドとかしがらみとか、そういった人間ならではのややこしい問題を考慮しづらいのではないかということです。しかも、そういった人間くさい話こそ、何かの問題を解決するときの肝心かなめの本質だったりもします。

たとえばアフリカのどこかの土地に鉄道を敷きましょうというとき、ここにこういう村があって、ここに崖があって、湖があって、こうやれば月間予算いくらでできますね、ということをAIは計算することができます。何十通りも候補を出して、そのなかで最も合理的なルートを決めるというのも得意だと思う。でも、実際は、その鉄道が通る村の人が絶対に鉄道工事を許さなくて、それだけで話が進まなかったりする。クリエイティブの発想だけで「これはできるはずだ」って答えを出しても、それだけでは現実の問題は解決できないことがたくさんある。

　逆に、中国みたいに、強い政治と一緒になって実行することで、合理的じゃないけど一気に何かを進めるということはできますよね。先日、上海を訪れてびっくりしたのですが、電動のバイクがものすごく普及しているのです。乗り捨ててあるようなボロボロのものまで含めてバイクがほぼ全部電動のものに取って代わっている。それから、買い物で現金を使っている人が少なくて、みんなキャッシュレスの決済をしている。そういう、国主導で一気に物事を進めるやりかたは、AIを導入する方向性とは逆ですけど、実行力を感じますね。

　そういうことを踏まえて、AIがどのように進化していけばいいのか考えてみると、ぼくはAIが機械とかシステムというよりも「道具」として扱えるものになるといいと思っています。道具という言葉がすごくしっくりくるのですよね。インターネットも道具です。道具なのに、無限の可能性があるかのように言われる。コンピュータ、インターネット、AI……。世界を変えてしまうのかもしれないけど、結局は道具として使われて、人々の暮らしに溶けていくのがいちばんいいと思う。

　しばらく前の話になりますが、うちの会社の同僚とタクシーに乗

ったとき、その人がタクシー代を「Origami Pay」というスマホ決済でパッと払ったのです。それを見てちょっと感動して、「いいな、便利だな!」と思ったのですけど、数年後にどのタクシーでもSuicaで決済できるようになったので、ぼくもそれでタクシー代を払うようになった。

　でも、なんというか、たとえ80回くらいそれでお金を払ったとしても、たいしたことじゃないですよね。道具ってそういうものだと思います。ゴルフをやっている人が、ゴルフのクラブを買い換えるようなもの。新しいクラブは飛ぶかもしれないけど、真っ先にそれに買い換えなくてもいい。

　ぼくは、あらゆる「新しいもの」については、みんながそれをわかってきた頃に自分もわかっているくらいでちょうどいいと思っているのです。だから、先頭グループのどこかにいればいいかな、というくらい。みんながそれをおもしろがるようになるまでは、新しいものは特に気にしないで、人間が普通に喜ぶことを優先して楽しんでいればいい。AIについても、そんなふうに思っています。

■ AIと生き物のアナロジーから何かが生まれる

　すこし話は変わりますが、任天堂という会社は、人がもっている身体性をとても大事にしています。さきほど述べたように、人間ならではの問題とともに、AIがどこまでフォローできるのかわからないのが身体性の問題です。たとえば、ぼくは『MOTHER』というロールプレイングゲームをつくったのですが、ゲームの中心にしたのは言葉でした。一方、任天堂がつくった『スーパーマリオ』や『ゼルダの伝説』は、経験値を指先に蓄積させるというのかな、要するに、身体でわかるものとして面白さを追求しているのです。言葉でつくったゲームは翻訳しなきゃいけないけど、身体でわかるゲームはその必要がない。それで、『スーパーマリオ』や『ゼルダの伝説』は世界中にファンを増やしていきました。

　どこの国の人でもわかる身体性を楽しさの中軸に置いて、世界に受け入れられる。知性のありかたとして、そのほうが、ぼくにはかっこいいなと思えるのです。ビジネスサイドから見ても、彼らがそれを十分にわかったうえでやっているんだという凄みを感じます。日本の会社は日本で成功してから、段階を踏んでアメリカに進出していくものですが、任天堂はアーケードゲームをつくっていたときから身体性を活かしてアメリカでヒットを生んでいた。いまの会社の売上の割合も海外のほうが高いですしね。

　任天堂が考えてきたような身体性は、おそらくいまのAIでは後回しにされがちです。どうせAIを使って新しいことをやるなら、その身体性をとことん追求して、もう、原始的なアメーバくらいにまで遡って考えていくとおもしろいかもしれません。あるプリミティブな生き物が、快か不快かというスイッチで動くことをシミュレートしていったらどうなるか……。

これは、梅棹忠夫さんの『情報の文明学』(中公文庫)からの引用なのですけれど、生き物の進化の過程と社会の進化の過程は「アナロジー」になっています。
　まず消化と排泄だけの消化器を中心にしたパイプ状の生き物がいて、食物の摂取とエネルギー転換と排泄だけをしています。いわばそれは狩猟をしていた頃の文明です。次に、パイプみたいな構造の生き物は、食物を取りにいくための手足がついた形態に進化するのですが、これが工業化社会のアナロジーです。
　その後、外胚葉が形成されて神経や脳が発達したのが、現代社

会のアナロジーです。つまり、消化器系や筋肉がなければ、脳もない。このように社会も生物の進化と同じで、土台があって、現代があります。AIは、人間の高度な知性みたいなものの再現を目指していますが、もっと生き物のルーツを理解するところから始めたほうがいいと思います。

　とまぁ、こういうような話が、ぼくの頭のなかではぐしゃぐしゃと混ざっています。そのぐしゃぐしゃのなかにAIもあって、それだけを追いかけるつもりはありません。先端へ先端へと行く人のことを頼りにはしていて、「ご苦労さま」というふうには思ってますが、自分がそうするつもりはあまりないというのが正直なところです。それよりぼくは、歌が嫌いで練習しないという歌手の歌を聴いて、「どうしてこれを聴いて人がしびれちゃうんだろう？」というようなことを考えたほうがおもしろいのです。

第7章

「生き物らしさ」に必要なのは「痛み」

近藤那央 [ロボットアーティスト]

前説 ── 森川幸人

　自分（森川）が生まれた1959年4月10日は、当時の皇太子（現天皇）が結婚された日で、「テレビでご婚礼のパレードを見よう」キャンペーンのもと、日本中にテレビが普及した日でした。そういうわけで、私が物心ついたときにはわが家にはテレビがあって、今風に言えば、テレビネイティブ世代で、バリバリのテレビっ子でした。

　翌1957年には、「一億総白痴化」という言葉が生まれました。社会評論家の大宅壮一が生み出した流行語で、テレビはとても低俗なメディアなので、テレビばかり見ていると想像力や思考力がなくなってしまい、結果、日本人みんなが白痴化するという警告メッセージです。

　今だったら完全に炎上するような説ですが、当時、先生や親をはじめとする大人たちは、こぞってそう言っては、自分たち子供からチャンネルを奪おうとしていました。しかしそうした大人たちの危機感をよそに自分たちは、けっこう冷めた態度でテレビとつきあっていたように思います。

　テレビごときでバカになるわけがない。テレビはたしかに無茶苦茶おもしろいけど、テレビばかりが娯楽じゃないし、テレビで言ってること、やってることはちょっとウソくさいところがあって、そのまんまは信用できないし、現実の自分たちの生活とは違うぞ。

　子供ながらにそういうことをちゃんとわかっていた気がします。もちろん、ちゃんとそういう言葉で理解していたわけでなく、直感としてですが。

　現実はどうだったかというと、言うまでもなく、みんなが白痴に

なったという事実はありません。テレビを過大に評価したり、必要以上に危機感を感じたり、逆に見くびったりしていた大人たちの予測が誤っていたわけです。

　大人たちの心配のターゲットはその後、マンガやゲームやインターネット、今ではスマホ…、と続いていくわけですが、そうしたさまざまな「新しく出てきたもの」に対して、それぞれの「ネイティブ」が生まれ、次の時代を作っています。いまでは、娯楽ではありませんが、AIもまた「シンギュラリティ」という言葉のもと、危ぶまれる対象となっています。

◆　◆　◆

　自分のTVネイティブ経験に加えて、もうひとつネイティブの人に関するエピソードがあります。

　姪っ子がまだ小学生だったころ、iPod miniで音楽を聴いていました（子供だったので、まだ携帯電話は持たせてもらえていなかった）。そのとき、イヤホンをスピーカー代わりに使っていたのに驚きました。友だちとおしゃべりしながら音楽を聴くので、イヤホンをしているわけにはいきません。ボリュームを最大にしてイヤホンからBGMを流しているのです。

　姪っ子の世代は、音楽は空気のような存在で、いつでもどこでも流れている必要があるようです。（音質の悪い）MP3になっただけでもイヤなのに、イヤホンみたいなチープなスピーカーから流れる音質でいいのか！　音楽を聴くからにはできる限り高音質で！という世代の人間にとってはカルチャーショックな光景でした。

　もちろん、彼女たちも音楽をいい音質でちゃんと聴くときはあるでしょうが、音楽を聴くことが空気を吸うことぐらいに当たり前

の彼女たち世代は、ふだんからそんな特別な装置を使う必要はまったく感じないのでしょう。

　生まれたときからそれがある。ごく普通の生活のアイテムである。そういう世代の使い方にはある種のエレガントさがあるのだなと感心した覚えがあります。

　それに対して自分たちは、人生の途中で対面する新しい技術に対しては、どうしても理屈で理解しようとしてしまいます。

　それはどういう仕組みなのか？　能力なのか？

　それは自分の生活や仕事にどう関係していくのか？

　その結果、自分の生活や価値観にどういう影響を与えるのか？

　そういうことをいちいち理屈で理解し、シミュレーションしなくてはなりません。そうでなくても、新しい技術を理解するのが大変なのに、大人ならではの頭の固さ、若い世代へのやっかみなども相まって、シミュレーションはついつい否定的な結論を導き出してしまいます。

　こんな旧世代の人間を横目に、物心ついたときから新しいものがある世代は、それの良いところ、悪いところ、注意しないといけないところなどを経験の中で直感的に理解しているので、冷静で公平な接し方ができるのだと思います。

◆　◆　◆

　AIが普通の生活に入り込むようになって日が浅いため、まだ「AIネイティブ世代」というのは出現していなさそうですが、ペットロボットでは、すでにロボットネイティブの世代がいます。

　近藤那央さんはその一人です。近藤さんは小学生の頃にはすでにリアル生物のカメとともに、ロボットのAIBOと暮らしていました（ちなみに、ペットロボットの代表格である初代AIBOが発売さ

れたのは1999年です)。どこかでその記事を読んだとき、是非、ロボットネイティブの世代の話を聞いてみたいと思いました。

　ロボットとAIは、人工の生き物とその知能という切っても切り離せない関係にあります。大人たちが、理屈でロボットやAIを理解しようとするのに対して、物心ついたときから、人工の生き物に接してきた近藤さんは、人生の途中でロボットやAIに出くわした自分とは、きっと違った感覚で、ある意味、平常心でロボットやAIを見ていられるのではないかと思い、是非、ペットロボット・ネイティブ代表としてお話を聞ければと思いました。

　また、近藤さんは一般のユーザーとは違い、エンタメ系ロボットのデザインをするアーティストでもあるので、ロボットネイティブのロボットデザインのアーティストという点でも大変興味深いです。ペンギン型ロボット「もるペン！」や、不思議でかわいい仮想の生き物ロボット「にゅう」を精力的に作られています。

　ロボットやAIを使う側の立場としても、ペットロボット・ネイティブである近藤さんが、ロボットやAIをどう考えているのか大変興味があるところです。

　近藤さんがエンタメ系ロボットにとって何が大切だと思っているのか、また、今後、どんなロボットを作りたいか、それにAIはどう関係するのか？　そのあたりのお話もたくさんお聞きしました。

「生き物らしさ」に必要なのは「痛み」　近藤那央

■ なぜAIBOよりも愛想のない動物のほうが愛おしいのか

　子どもの頃からAIBO（ソニーが開発・販売していた犬型のペットロボット。現在の「aibo」と異なり、大文字で表記していた）が家にいる環境で育ったので、私にとってロボットは身近な存在でした。初めてAIBOが実家に来たのは2000年代前半、私が小学校高学年の頃です。

　当時のAIBOは1台20万円以上もしたので、ガジェット好きの親が「娘に買ってあげる」ことを口実にして買ったのが本当のところでしょう。あと、子どもにロボットを与えて反応を見たかったというのもあったのだと思います。当時の私はさすがに生き物のペットとロボットの区別がつかない年齢でもなかったので、親がAIBOを買って来たときは「あ！　ロボットが来た」と思いました。2000年代はちょうどロボットブームという時代背景も影響していたのでしょう。実際、私も親に連れられて2005年の愛知万博[★1]でロボットのブースを見ていました。

　AIBOが来た頃は小学生でしたが、飼いながら抱いていた疑問が後々も私の中に残りました。これは、いま私が関わっているロボット製作にもつながっていると感じています。

　もともと生き物が好きで、家でカメやハムスターも飼っていました。できることも多く、言葉を話せるAIBOと比べると、あまり知

★1　愛知万博は略称で正式名称は「2005年日本国際博覧会」。主催者が定めた正式な愛称は「愛・地球博」。2005年3月25日から同年9月25日まで愛知県で開催された。公式キャラクターは、森の精「モリゾー」と「キッコロ」。

能が高くないカメやハムスターといった動物たちのほうが一緒にいてかわいいと感じるんです。そんなふうに自分が感じるのは、なぜだろうと思っていました。

　またAIBOが、ずっと今でも家族の中に居続けるのはなぜだろうという疑問もありました。ペットではないし生き物でもないし、だからと言って単なる物でもないよな、と。私たち人間とロボットの関係や距離感はどういうものなのだろうという気持ちや疑問はずっと残っていたのです。そして、どうすればペットのように可愛いと感じられるロボットを作れるのか。どうすれば機械は生き物のように振る舞うことができるのかを考えるようになりました。

ロボットに心は存在できるか

　AIBOに代表されるペットロボットは、自律してマイペースに生き物らしく動く能力と、ユーザーとのインタラクションの絶妙なバ

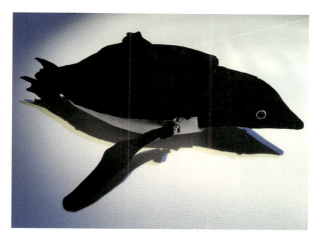

写真7-1　もるペン！

ランスを取っていく必要があります。そして、私はそういう部分を開発していくことに関心があります。

「もるペン！」は、もともとペンギンの泳ぎについて突き詰めたいと思って作ったペンギン型の水中ロボットです（写真7-1）。当時は技術的な面に関心があり、どのようにすれば、はばたきだけで水の中を高速に泳げるのかといった面を調べながら開発していました。このため、私たちのチームがペンギンに抱いているイメージも、「かわいい」というよりは「かっこいい」に近いものでした。

ところが、色々なメディアに取り上げられるようになると、世間の人たちの反応は「かわいい」とか「すごくペンギンに似ている」といったものが多かったのです。もるペン！に生き物らしさや生命性を見いだしていたように見えました。

もるペン！が話題になって2年目くらいからは、技術コミュニティが主催する大人向けのイベントだけではなく、子どもたちが直接見たり触ったりすることのできるイベントに呼ばれることが増えてきました。そのときの子どもたちの反応はとても興味深いものでした。

ロボットだとわかっているのにずっと触っている子がいたり、小さい子のなかにはもるペン！がロボットだということがわかっていない子もいたりしました。そういう子どもたちの反応を見て、愛らしく生き物らしいロボットが持つ、人の心をつかむ力に強く興味を持ちました。昔、自分がずっとAIBOに抱き続けていた気持ちと重なるところもあります。そのようなペンギンロボットと人のインタラクションから、生き物らしさこそがコミュニケーションロボットではいちばん大切と感じ、それを表現できるロボットを作るということが、自分のモチベーションになりました。

第7章 「生き物らしさ」に必要なのは「痛み」

写真7-2　にゅう

　今製作している「にゅう」というロボットは、柔らかい白い布に覆われていて小さなおばけのようにも見える、私のオリジナルキャラクターです（写真7-2）。

　生き物らしさを表現するときに大切なのは「常に動いていること」という考えから、「にゅう」には呼吸をしているかのような動きを常にさせています。また、大きな音を立てると起きてしまったり、怖がったりと、より生き物らしく見えるように工夫しています。同じ空間や環境にいる生身のペットたちに近い存在感や、生命システムが存在している気配をユーザーが感じられるものを作ることが目標です。

　ただ、本当に心が存在するロボットを作ることを目指しているわけではありません。ロボットに心が存在するのと、ロボットに心が存在しているように見せるのは別物だと思います。

■ ロボットを作るときにいちばん大切なこと

「AIがより生き物らしくあるためにはどうすればいいか？」という議論になることがあります。このような議論でのキーワードは「身体に伴った知性という意味での身体知」というものです。つまり、身体知は身体と五感がないと得られないということです。

私自身の関心は、ロボットの形状によって、それぞれどのような身体知を得ていくのかという点にあります。卒業論文では、ロボットの精神と肉体は分離していて、精神だけで飛んでいけるという話を書きました。どういうことかというと、ロボットに幽体離脱をさせてみたということです。人間などの実際の生き物は精神だけが肉体を離れることは、いまのところできません。しかし、そもそもハードウェア、ソフトウェアと分かれているロボットならば、同じソフトウェアが異なるハードウェアを渡り歩いたり、3DCGとしてソフトウェア空間上に存在できたりします。

さらに、その3DCGがAR (拡張現実) として実空間上に重ねて見られるようになった場合、ロボットの存在する意味は何だろう？

という疑問が生じました。その疑問を深く考えていくうちに、物理的な人とのインタラクションをさらに探求するべきだという結論になりました。

　私がロボットを作るときにいちばん大事にしているのは、人から見たかわいらしさ、生き物らしさです。現存する生き物のなかから生き物らしさを抽出して、それを使って新しい生き物たちを作っていきたいと考えています。このため、いま私は生物の行動の観察と勉強をしています。

　私は今までにハムスターとカメ、ハリネズミを飼っていましたが、このようなあまり知能が高くない生き物を見ていると、小さな脳みそしかなく、単純な行動しかできない生き物にかわいさを感じるのはなぜだろう？と思います。特にハリネズミはまったく人に慣れないので、触ろうとするとすごい剣幕で針を立ててきます。かと思えば、警戒して丸まっていたのに、私がエサをやろうとしているのを見るとすぐに出てきて、嬉々とした様子でエサを食べはじめるのがとてもかわいく感じます。もちろん毎回同じように動くわけではないので、そのノイズの入り具合などを日々観察しつつ、生物や動物行動学についても勉強しています。あとはそれを再現させるための技術も鍛えつつ、それをどう自分のロボットに実装できるかを試行錯誤しながら実験しています。

　ロボットの研究論文を見ていくと、長期にわたってロボットと暮らした研究はまだ少ないようです。何かのテーマに絞った実験結果などはありますが、たとえばAIBOと5年以上暮らした人の意識がどう変わっていくかという研究はありません。そのような研究に基づいたロボットのUXデザインは、まだまだ開発途上の分野だと思います。実家にAIBOが来たのは私が9歳のときで、私は間もなく24歳になるので、人生の半分以上はロボットと一緒にいると

いうことになります。その点では長くロボットと暮らしてきた「ロボットネイティブ」の私にはアドバンテージがあるのではないかと思います。

■ 人間、動物、ロボット

AIと人間の関係については、将来的にはRPGに出てくるモブキャラ★2のような立ち位置にロボットがいる世界を実現できるといいなと思っています。ゲームでは、自分専用の妖精やキャラクターがそばにいたりします。もとは敵キャラだったモンスターを手なずけていって仲間にして増やしたりもできます。そういった非人間との関わりは、ずっと昔からアニメでもゲームでも描かれてきましたが、私はその世界を現実にしたいと思っています。

ロボットと人間の付き合いは必ずしも1対1の関係でなくてもいいと思います。今あるロボットと比べると人間と対等で、もう少し距離感のある関係、そして身のまわりに何となくロボットがいるような気楽な関係があってもいい。ロボットたち同士が何となく気軽にやり取りしているところが私たちの日常の端にちょっと見えるというイメージです。

今のロボットは完全に人間に従属していて依存していることが前提になっています。ロボットたちは人間に何か与え続けなければいけない設計になっている場合がほとんどです。それはとても機械的です。生命的ではありません。そういったロボットは機能だけを見ればAIスピーカーとほとんど同じです。このままでは、やがてAIスピーカーに集約されてしまう気がします。たとえば利

★2 「モブキャラ」はモブキャラクターを略したもので、mobは英語で「群衆」という意味。名前が与えられないキャラクターを総称して指す語。「会社員1、2」など。

便性を追求していった結果、AIスピーカーがロボットアーム型のロボットを操作するような関係になると推測しています。

しかし、コミュニケーションロボットに関しては、もう少し自然に同居できるような存在でもいいでしょう。生命でもなく、モノでもない「ロボット」という新しいジャンルが社会の中に第3の生き物として確立されていくと思います。人間と動物、そしてロボットの世界です。

また極端な話ですが、ロボットたちが勝手に野生動物と一緒に共存して、生態系の中に組み込まれていくのを見てみたいという気持ちがあります。現実的に考えると、そうなる必然性も意味もないかもしれません。しかし、たとえば人工的に作られた空間でロボットと動物たちが共存している世界は考えられるでしょう。

コミュニケーションロボットが第3の生き物になっていくためには、まずロボット側にアイデンティティを感じられるかが大切だと思います。たとえばここに犬がいたとして、盲導犬などのようにサービスドッグ（補助犬）として人間に対して貢献することがその犬のミッションだとしても、その犬自身の人生もあるわけです。ごはんを食べなきゃいけないし、寝るし、仕事以外の時間というのも多分あるはずで、その点において人間と犬はある程度精神面では対等な存在にあると思うんです。こういった部分が少なくともコミュニケーションロボットには必要かと思います。

■ これからのロボットに必要なのは痛がること

おそらく、人間の中には生き物に対するモデルがあって、それが見ている対象に当てはめられた瞬間に、その対象が生き物であると感じ、擬人化を始めるのだと思います。たとえばカメの場合だと、カメの食事中にエサを取り上げたり、カメをつついたりした

ら嫌がって怒ります。これはすごく生き物らしい刺激と反応です。でも、仮にロボットに対してそんなことをしたとしても、今のロボットはそういう刺激に対する反応はありません。

　人間がロボットを生き物らしいと感じるためには、ロボットが痛がることが必要です。現在の多くのロボットは、あまりにも自分のことを大切にしていません。自分のことを全然大切にしない存在は不気味だと思います。自分の身を守る行為は、ダンゴムシでもやります。歩いているダンゴムシを触ったら丸まります。いくらつついても無反応で歩き続けるダンゴムシがいたとしたら、絶対に気持ち悪いですよね。ですから、私が今作っているロボットは、基本的にまず呼吸をさせていますが、それに加えて大きな音がしたり触られたりしたときに、丸まって身を守る反応をすることを実装しています。

　そのような反応を実装する目的は、人間に対して感情や防衛本能があるように見せるという演出でもあります。機械であっても自分の体を維持するために、怖がったり痛がったりさせるのは、より

生き物らしくするアプローチとして必要です。

■ ロボットが生き物らしさを身につけるということ

　ロボットが機械としての自己保存欲求を得ていくうちに「この人は雑だから、機械である自分の身体の構造を考えると触られないようにしたい」という場合も出てくると思います。別の話として、初めて来た場所で無闇に動き回ったら危険が多いのは、機械でも動物でも変わらないはずです。そういった、自立して動く生物が基本的に持っている機能をしっかりと作ることができれば、たとえこれまでの生き物とはまったく違う形をしていたとしても、ロボットに生き物らしさを感じられるようになると思います。

　これまでのロボット開発はハードウェアが注目されてきました。私もハードウェアに強く関心を寄せていましたが、最近考えるのはやはり最も大切なのはAIも含めたソフトウェアではないかということです。これまでお話ししてきたような生き物らしい行動ができるソフトウェアが開発できれば、人間はそのロボットを擬人化して見るようになり、実際には存在しないロボットの感情などを想像し始めます。これはある意味ロボットに対する人間の妄想です。コミュニケーションロボットの開発において、生き物であると感じさせたり、感情があると感じさせたりといった人間の妄想力を最大限に引き出すという視点を持った設計が今後求められているのだと思います。

第8章

精神医療に AI を活かす

山登敬之 [精神科医]

前説 ──── 森川幸人

　AIに「こころ」を持たせようというミッションは、人間の、あるいは、生き物の「こころ」とはなんぞや？という問いに対する回答を見つけることに等しいと言えます。そして、「こころ」の問題に限らず、AIを研究するとは、イコール、人間を研究することだとも言われています。

　「こころ」に関係ありそうな精神の動きを表す言葉としては、「感情」「気持ち」「情動」「精神」「意識」「知識」「意志」「予感」「直感」「大局観」「自我」「魂」「八識」などが浮かんできます。

　これらの総称が「こころ」なのでしょうか？　これら意識の上に浮かんでくる働きだけが「こころ」なんでしょうか？　まだ自分でも気がつかないでいる無意識下にも「こころ」は潜んでいるのでしょうか？　われわれが気がつくことができる「こころ」は、氷山の一角であり、海面下には、気がつくことができない「こころ」が眠っているのでしょうか？

　指摘していただくまでもなく、これらの疑問に答えることは自分の技量ではできません。

　本書第1章に登場いただいている、AI研究家であり公立はこだて未来大学教授の松原仁先生は「私たちは、自分と同じ心を相手も持っていると仮定してコミュニケーションした方が便利だからそうしているにすぎない」[1]とおっしゃっています。相手にも「同じ心」があるのだと信じられるだけのちゃんとした反応さえ返してくれれば、それで十分なわけです。

　それが必ずしも、私と同じ「こころ」である必要もないわけで

---

[1]　『AIに心は宿るのか』松原仁著、集英社、2018年：143

すし、極端な話、「こころ」は存在しなくてもよいことになります。自分が相手にも「こころ」があるだろうと勝手に思い込んでいるだけなのかもしれません。ここにAI、特にエンタメ系のAIの「こころ」の作り方の大きなヒントがあるような気がします。

　心が大きく揺れ動くとき、心臓のドキドキも大きくなるので、昔は「こころ」は心臓にあると言われていました。しかし今では、それは（あるとすれば）脳内の現象であることは誰でも知っています。

　脳の中で情報処理や伝達をつかさどる神経細胞「ニューロン」は他のニューロンと結合しています。この結合を「シナプス結合」と言います。1つのニューロンにはたくさんのニューロンがつながっており、それらのニューロンから送られてくる電気信号の総量が閾値を超えると、そのニューロンは興奮して自分の先につながっているニューロンに電気信号を送ります。

　生き物（人間）は、このバケツリレー式の電気信号のやりとり（だけ）で、泣いたり笑ったり怒ったり、恋をしたり、腹が減ったり、すごい小説のアイデアを思いついたり、宇宙の法則を見つけたり、円周率を10万桁覚えたり、野球ができたりサッカーができたりします。こんな単純な仕組みで、こうまで複雑な能力を発揮できるのは驚異です（もっとも、脳の解明が足りなくて単純に見えているだけの可能性も大です）。

　どのニューロンとつながるか、つまり、どのニューロンから信号を受け取り、どのニューロンに信号を送るか、どのくらいの電気信号を送り出すか、あるいは受け取るか、どのくらい受け取ると興奮するかなどは可変で、経験によって変わっていきます。この仕組みが脳の記憶や学習機能となります。

　AIのモデルのひとつであるニューラルネットワークは、こうし

た脳のニューロンの発火(興奮のこと)とニューロン同士のシナプス結合を簡単な数理モデルにしたものです。

　つまり、簡易ながら脳をシミュレーションしたものですから、単純に考えれば、脳に「こころ」が宿るなら、AI(ニューラルネットワーク)にも「こころ」が宿ることがありそうな気がしないでもありません。実際、十分なニューロンの機能のシミュレーションとニューロン(AIでは演算ユニット)の数があれば、人間の脳を完全に再現できるはずだと予言するAI研究者の方もいます。

　話を先に進める前に、ニューラルネットワークモデルについて、もう少し説明しておきましょう。

　1958年に、心理学者でありニューラルネットワークの研究の第一人者でもあるフランク・ローゼンブラットが、このニューロンの仕組みを数理モデルに置き換えることを思いつきました。こうして生まれたのが「パーセプトロン」と呼ばれるモデルです。パーセプトロンは、実際の生き物の脳とはまったく比較にならないほど単純なモデルではありましたが、簡単なパターン認識ができたことから、これを期に第1次AIブームが起こります。ちなみに、「人工知能」(Artificial Inteligence)という言葉が生まれたのは、その2年前の1956年のダートマス会議です。

　その後、ニューラルネットワークモデルは、2度のブームと衰退を乗り切り、進化し続けました。現在のAIの代表格であるディープラーニングは、その最新モデルと言えます。

　AIにはニューラルネットワーク以外にも代表的なモデルがあります。これは、「こういうときは、こうしましょう」「それは、こういうものです」などのルールや知識をいっぱい教え込むタイプのAIで、総称して「エキスパートシステム」と呼ばれています。IBM

のWatson（ワトソン）はその代表選手となります[★2]。ニューラルネットワークとエキスパートシステムはどちらも優秀で一長一短があり、優劣がつきません。しばらくは、macOSとWindows OSみたいに、両者が切磋琢磨して進化していくことになるでしょう。

さて、話をニューラルネットワークに戻します。ニューラルネットワークが生き物の脳の構造をまねたモデルであるならば、AIのポテンシャルも限界も、生き物の脳からある程度推測できそうな気がしますが、現時点では最新のニューラルネットワークでも、脳細胞にあたる、入出力、中間層のユニットの数は、人間のニューロンの数よりはるかに少ないのです。

人間のニューロンの数はおよそ1000億個と言われていますが、ディープラーニングのような巨大なニューラルネットワークですら、ユニットの係数（人間のニューロンの結合の数に相当する）の数は、せいぜい数百万個程度ですので、まだまだ数のうえでは勝負になりません。さらに、ニューロンの信号の伝播や発火（興奮）の仕組みも、生き物の脳に比べるとごく単純なモデルになっているので、いますぐ生き物の脳、特に人間の脳と同様な働きができるとは思えません。

将来、量子コンピュータが実用化されるなどして、AIのユニット（ニューロンに相当する）の数が、人間のニューロンに追いつき、追い越すようになれば、各ユニットの構造も生き物のニューロンのように複雑な仕組みを実装できるかもしれません。

脳内の信号の伝わる早さは、生き物の脳がせいぜい時速300

[★2] 現在、IBM Watsonは機能が拡張され、AI機能全般を指す言葉として使われている。
IBM Watson　https://www.ibm.com/watson/jp-ja/

キロメートル（飛行機の離陸速度くらい）であるのに対して、AIは電気信号であるため、伝達速度は光と同じ、およそ秒速30万キロメートル、1秒間に地球を7周半できる速度です。また、生き物の脳細胞は疲れたり劣化したり死んだりしますが、AIの「脳細胞」は不老不死、疲れ知らずで、ある面では生き物の脳よりまさっているところもあります。

そう考えると、AIが人間の知能を超える可能性もあるのかもしれません。

◆ ◆ ◆

人間とAIの「こころ」にはどんな違いがあるのでしょうか？

現在のAIは「知性」に関わる能力はずいぶん発達しています。つまり、たくさん記憶し、深く推論し、正しく判断を下すのは得意です。本書でも何度か述べているように一部の分野では、すでに人間の能力を上回っています。一方、絵を描いたり音楽を作ったり小説を書くなど、「感性」に関わる能力はまだまだ低いです。

現段階のAIでは、「うっかりする、なんとなく感じる、ど忘れする、不安を感じる、全体として見る（大局観を持つ）、ひらめく、ウソをつく、察する、思いやる、共感する、やる気を出す、探究心を持つ、あきる、めんどくさがる、ためらう、恥ずかしがる、怖がる」といった、人間くさい精神の働きも起きないようです（ただし、これは研究者によって見解の分かれるところです）。

そういった「人間くさい」精神の働きが、「知能」に関わりがあるのでしょうか？　あるとすれば、人工の知能であるAIにもそれらの精神的な動きが発生する仕組みが必要になります。

さらに、次のような疑問がわいてきます。

「こころ」は人間だけにあるのでしょうか？
「こころ」は人間が誕生したときからあるのでしょうか？
それとも、「社会」が生まれたのに合わせて誕生したものでしょうか？
あなたと私の「こころ」は同じものでしょうか？
人はどうして相手に「こころ」があってほしいと思うのでしょうか？
人はどうして、同じ価値観の「こころ」を、自分を愛してくれたり、認めてくれる「こころ」をうれしく思ったり、求めたりするのでしょうか？
それ以前に、「こころ」は、ほんとうに存在するのでしょうか？

このように、「こころ」についての問いはとどまることがありません。この問いに対する答えは、AIの研究側からだけでは見つけられそうにありません。人間側の「こころ」の専門家として、精神科医の山登敬之さんに、お話をうかがいました。

精神科医から見た「こころ」は、AI研究者の側から見た「こころ」ときっと違う解釈となるでしょう。山登さんは、特に、不登校や発達障害の子供たちを診る臨床家として有名です。「こころの健康」を害するのは、何が原因なのか、心や身体に何が起こっているのか、どうしたら改善するのかなどの理解は、「こころ」の正体を探るときの大きな手がかりとなります。

また、AIは、そうした心の健康を害している人のサポートができるでしょうか？　「こころの風邪」を引いたあとの治療だけでなく、「こころが風邪気味」のときのケアに役に立つでしょうか？

その可能性なども興味のあるところです。

精神医療にAIを活かす　山登敬之

■ 精神科医のしていること

　人間の心はどこにあるのでしょうか。そもそも「心」とは何でしょう。

　精神科医は心の専門家ではありません。「心の病気」の専門家です。こういう質問に答えるのは心理学者の方が適任かと思いますが、精神科医も「心」について考えないわけでもない。ただし、病気のほうから「心とは？」と考えるのがクセになっています。なので、先に病気の話からさせてください。

　まずは、図8-1を見てください。ここに描かれた三角形がひとりの人間、四角の中がその人を取り巻く「環境」を表しています。人間は生き物ですから、「身体」をベースに生きていて、その行動は個人の「パーソナリティ」を反映しています。そのあいだを取りもつ重要な臓器が「脳」ですね。

　脳には身体の内外からの情報が送られてきます。身体の内からは、たとえば痛みが、外からは、視覚、聴覚、皮膚覚などを通して情報が入ってきます。一方、脳は感情や意志を生み出し、意識的あるいは無意識的に個人の行動を決めています。

　人は環境からの刺激に絶えず反応を繰り返して生きているわけですが、刺激の種類や大きさによって、この反応は通常のレベルから大きく逸脱することがあります。また逆に、環境に変化がなくても、身体（脳を含む）のほうに不具合があると同様のことが起きます。

第8章 精神医療にAIを活かす

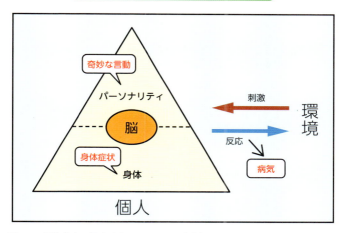

図8-1 精神疾患は個人（パーソナリティ＋身体）と環境の双方が関係する

　私たち精神科の医者が病気を疑うのは、このように個人の反応が通常のレベルから大きく逸脱したときです。具体的には、検査しても原因の見つからない身体の症状や、普段は見られない奇妙な言動が現れたときです。それら、われわれが「症状」と呼ぶものが、特徴のあるまとまりを見せたときに、その全体像を〇〇病だの××障害だのと名づけているわけです。ですから、精神科の診断というのは、一種の申し合わせ、約束ごとのようなものです。

■ 心はどこにある？

　こうしてみると、心の病気を診ているといいながら、精神科医は直接「心」を見ているわけではないことがわかります。そもそも心は目に見えません。精神科医に限らず、誰の目にも見えない。

私たちは、個人の日頃の言動を通してパーソナリティを推しはかり、自分との関係の中で「この人はこういう人だから、こう考えるんだな、こう思うんだな」というふうに、心の動きを知ろうとするのです。

　ですから、心がどこにあるかといったら、心は目に見えないんだから本当のことはわからない、というのが誠実な回答でしょう。心が脳の産物であることは確かですが、だからといって脳という臓器に詰まっているわけではありません。日本語には「胸が痛む」「肝を冷やした」「腹が読めない」など、身体のパーツを使った言いまわしが多くありますが、これらはみな心に関する表現です。とすると、心は脳だけでなく身体のあちこちに宿っていると考えることもできるでしょう。

　また、競馬や馬術の実況などでは「人馬一体となって」なんて言葉が使われる。名騎手が手綱と鐙（あぶみ）と鞭で馬を操るさまを見ると、まさにそんな印象を受けるでしょう。そのとき、騎手の心は、彼の身体に留まらず馬体と渾然一体となっているかもしれません。これは、私の勝手な想像ではなく、文化人類学者のグレゴリー・ベイトソンが言ったことです。いわく、精神はシステムに宿ると★3。ですから、競馬のレースにせよ馬術の競技にせよ、そのとき騎手の心は人間と馬がつくるひとつのシステムにあると言うこともできるのです。

　心が個人の身体に留まらないということは、私たちのコミュニケーションを考えれば明白です。プライベートはもちろん、ビジネスにおいても、私たちは言葉が通じるだけで良しとはしません。

★3　『精神の生態学　改訂第2版』G・ベイトソン著、佐藤良明訳、新思索社、2000年

心が通じる、通いあうことを望んでいます。心が個人の中だけに収まっているのなら、この感覚は生じないでしょう。言語的、非言語的コミュニケーションを重ねて心を通わせようとするとき、互いの心はふたりのあいだを行き来しています。つまり、心は「人と人とのあいだ」にあるのです。これも、私のオリジナルな主張ではなく、精神病理学者の木村敏が言っていることです。いわく、精神病は人と人との「あいだ」に生じると★4。

■ AIは「心」を持てるか？

次に、人間の心とAIを比較してみましょう。ここでは、心の働きを大雑把に「知・情・意」の3つに分けて考えます。「知」は知能、思考力、「情」は感情、「意」は意志、意欲のことです。

「知」について見てみると、たとえば計算などでは、AIは人間の能力をはるかに超えています。将棋や囲碁でもプロ棋士に勝ってしまいます。でも、AIに哲学はできない。文学も駄目でしょう。小

★4 『心の病理を考える』木村敏著、岩波新書、1994年

説を書かせる試みもされているようですが、まだまだ鑑賞に堪えるものにはなっていない。オリジナルな思考や創作（これには「意」も関係しますが）などの点では、AIといえどもまだまだ人間にはかなわない。

「情」となるともっと駄目でしょう。「意」にしても、自分の意志を持って動くAIはまだないですよね。あらかじめプログラムされたこと、命令されたことしかできない。アップルのSiriもこちらの質問に答えるだけで、むこうから勝手に話しかけてはきません。試しに「なにか僕に質問してください」と頼んでみたら、「それより、あなたが質問してください」と言われてしまいました。さすが人工無脳（笑）。私はAIについては門外漢ですが、少なくともSiriレベルでは、AIには情も意志もないと言ってよいと思います。

ところが、そんな機械相手でも、人間のほうから積極的に「心」を見出すことは可能です。たとえば、わが家にはパナソニックのロボット掃除機「ルーロ」がありますが、私はそれを「ルー郎くん」と呼んで愛用しています。ルー郎くんは部屋を隅から順に掃除するかと思えばさにあらず、部屋の中をランダムに動き回ります。こちらはパターンが読めないので、まるで意志を持って動いているように見えます。

ルー郎が掃除している間は、私はたいてい外出しているんですが、家に戻ると充電ステーションに収まっていることもあれば、部屋のすみで停止していることもある。必ずしもバッテリー切れとは限りません。サボってるのかと疑い、吸い込んだゴミの量を調べてみます。ゴミがろくにたまっていないときには、「こいつ！ お父さん（私のことです）を見習ってマジメに働け！」と叱ります。これって、結構「ルーロあるある」じゃないですか？

もちろんルーロが生きてるなんて思っていませんが、ついこん

なふうに話しかけてしまいます。Siriと違ってルーロは自分で動きますから、キャラに見立てやすい。人間の想像力がそれを可能にしているわけですね。

■ ロボットにも役者にも心はいらない？

そういえば、「ロボット演劇」というのをご存じですか？ 劇作家で演出家の平田オリザさんが、大阪大学のプロジェクトで始めたロボットと人間が共演する芝居です。第1作目は、『働く私』という作品で、2008年に上演されました[★5]。

私もご招待いただいたんですが、大阪まで観劇に行くことはできず、東京で上演された再演か再々演を観たと思います。2人の人間の男女と、2体のロボットが役者として出演していました。ロボットのほうは、三菱重工が作った「wakamaru（ワカマル）」[★6]を使っていて、女役にはエプロンを着せ、男役には蝶ネクタイをさせていました。

20分ぐらいの短い芝居ですけど、これがとてもよくできていてですね、ロボットの動きやセリフは、台本に合わせて完全にプログラミングされている。これはとても大変な作業みたいですね。演出家が演出するとき、人間が相手なら「そのセリフ、もうちょっと遅く言って」と言えばすぐに直せるけど、ロボットだとプログラムを書き直さなければならず、すごく時間がかかるらしい。ロボ

[★5] 上演された『働く私』の台本や、ロボットのプログラミングを担当した石黒浩教授（大阪大学）と平田オリザの対談、制作の逸話などを収録した書籍が刊行されている。『ロボット演劇』大阪大学コミュニケーションデザイン・センター編、大阪大学出版会、2010年

[★6] wakamaruは三菱重工業株式会社が2005年に発表した家庭用ロボット。身長は約1メートルで、体重は約27キロだった。価格は150万円（税別）。

ットのバッテリーは2時間ぐらいもつでしょうけど、2時間の芝居をやらせるとなったら人間の労力が大変なわけです。

この芝居で何が面白いかというと、ロボットにちゃんと心があるように見えるところです。部屋のすみで頭を下に向けて黙っていたりすると、なんだかさびしそうに見える。ロボットの動きをつけるときに、文楽の人形遣いを招いて演技指導してもらったそうですが、それを参考にプログラミングしてやると、wakamaruのような単純な人型ロボットでも感情があるように見えるんですね。もちろん、台本がうまいってこともある。ロボットが人間に気をつかってしゃべってるような台詞を書いたり、効果的に間を入れたりしてね。そこに客はだまされる。

先ほどの「心はどこにある?」の話とも関連しますが、人間も相手の言動を見て人の心を推測しているわけですから、原理的には同じですよね、相手が人でもロボットでも。もともと平田さんは自分の劇団の役者に、「役者に心はいらない」とか「俺の言うとおりに動けば、ちゃんと心は表現できる」とか言っていた人なので、それがよくわかっていたのだと思います。

■「こころの理論」と自閉症

ところで、私たちはどうして他人の言動を手がかりに、その人の心理を推しはかることができるのでしょう。もちろん誤解や勘違いは常にありますし、その力には個人差もありますが、ある程度は誰にでも可能です。多くの人たちが、その能力を共通して持っているということですね。

これを説明するには、「心の理論」という考え方がよくもち出されます。私たちには、生まれつき「心の理論」がインストールされていて、成長とともに起動するようになる。通常は、4歳にもなれ

ば使いこなせるようになるといいます。そのおかげで、他人の考えや行動を理解できる。

何度も言うようですが、心は目に見えません。人の言動をヒントにして、それを推しはかるしかありません。自分で集めたヒントから他人の心を推測するやり方が、仮説を立てて理論的にそれを証明するという学問のプロセスに似ていることから、「理論」という言葉が用いられたといいます。

さて、この「心の理論」に関しては、有名な実験があります。英国の自閉症研究者グループ、サイモン・バロン＝コーエンらが1980年代半ばに行った「サリーとアンの実験」です[7]。簡単に説明しましょう（図8-2）。

サリーとアンが同じ部屋にいます。サリーはカゴ、アンは箱を持っています。サリーは自分の持っていたビー玉をカゴに入れて、外に出かけました。アンは、サリーのいない間に、カゴからビー玉を取り出して自分の箱に入れました。そのあとでサリーが戻ってきました。

それでは問題です。「サリーがビー玉を探すのは、どこでしょうか？」。

正解は「カゴ」ですね。サリーは、アンがビー玉を移動させたことを知らないのだから、自分が入れたカゴのほうを探すはずです。

この問題を、自閉症の子、知的障害のあるダウン症の子、発達に問題のない子を対象に、3つのグループでそれぞれ実施したところ、自閉症のグループだけが正解率が低かった。そこで、研究者たちは、自閉症児には「心の理論」が備わっていないのではな

---

[7] 『自閉症の謎を解き明かす』ウタ・フリス著、冨田真紀・清水康夫訳、東京書籍、1991年

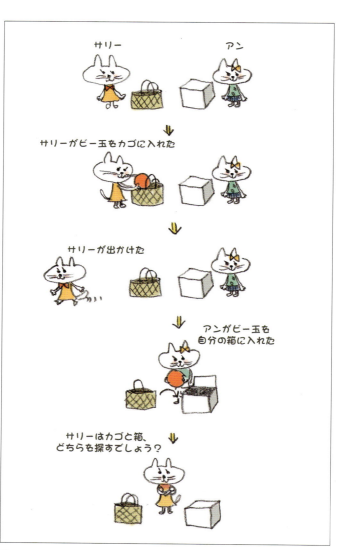

図8-2　サリーとアンの実験

いかと考えました。それでも10歳を過ぎると正答率は上がるので、子どもの発達に応じて「心の理論」が使えるようになることがわかりました。

「心の理論」のアイデアは、自閉症の主要な症状である社会的コミュニケーションの障害を説明する際に重宝されました。しかし、だからといって、自閉症は人の気持ちがわからない障害であるなどというのは間違いです。

そもそも、人の行動を予測できないのは「人の気持ちががわからない」せいなのでしょうか。たとえば、先ほどの問題を出された自閉症の子が、アンの箱のビー玉に気を取られ、サリーがカゴにビー玉をしまって部屋を出たことを忘れていたとしたら？　当然、答を間違えてしまいますよね。

これは意地悪な見方ではなく、実際に起こりうることです。自閉症の人には、細部に注意が働きすぎて、全体に目が行き届かない傾向があります。また、自閉症に限らず発達障害の人の中には、短期記憶が弱くてちょっと前のことでも忘れてしまう人がいます。だとすれば、「サリーとアンの実験」に正確に答えられなくても無理ありません。

私は、この疑問を自閉症当事者の東田直樹さんにぶつけてみたことがあります。東田さんは『自閉症の僕が跳びはねる理由』（エスコアール）を書いて世界的ヒットを飛ばした作家です。彼は会話ができませんが、キーボードを叩いて自分の言葉を伝えることができます。その回答は次のようなものでした。

　　僕のようなタイプの場合、最後の質問の「ビー玉」「どこ？」という単語だけが頭に残り、質問者にビー玉を手渡しする課

題だと勘違いしてしまいます。★8

　この答えからすると、東田さんの目に入っているのはビー玉だけ、サリーもアンもお呼びでない（笑）。この場合、わかってないのはサリーの気持ちではなく出題者の気持ちと言えるかもしれませんが、東田さんの回答が仮説を証明するはずの実験を土台からパアにしていることは確かです。
　けれども、東田さんに人の気持ちがわからないわけではない。人の気持ちがわからない人間に、世界的ベストセラーは書けませんからね。

■ 精神科医がAIに期待すること

　自閉症は、これまで社会性の障害やコミュニケーションの障害、それに独特のこだわりの強さが主症状とされてきましたが、それはどうも感覚入力と情報処理がうまくいってないせいじゃないか、その結果、認知にも支障が生じてるんじゃないか、最近ではそんな議論が盛んです。特に、予測コーディングモデル、ベイズ予測モデルといった計算論的モデルが、自閉症の特性を説明するのに有用な理論として関心を集めています★9。
　これにならえば、脳は過去の経験を記憶として蓄積し、新しい感覚入力をスムーズに受け入れられるような「予測モデル」を構築している。図8-1を思い出していただきたいのですが、私たち

★8 『東田くん、どう思う?』東田直樹、山登敬之著、角川文庫、2019年。引用は同書58ページより。
★9 土屋賢治「最新の自閉スペクトラム症研究の動向：疫学（有病率）研究、環境因子研究、計算論的モデル研究を中心に」『そだちの科学 31号』〈特集：自閉症スペクトラムのいま〉、日本評論社、2018年：10〜17ページ

は、刻一刻と外部から与えられる刺激に反応を繰り返しながら生きています。かといって、白紙の状態にすべての情報が書き込まれるわけではありません。それまで書きためた膨大なメモをもとに作り上げた「予測モデル」に照らして、入力情報のふるい分けを行い、自分にとって必要なものだけを選択し、刺激に対して適切な出力ができるように制御されているのです。

　自閉症の人たちは、感覚が超過敏で、しかも同じような刺激にもなかなか馴れるということがありません。これは、彼らの予測の精度が低くエラーも多いため、入力情報のふるい分けがうまくできず、その結果、情報も正しく選択できないからではないか。そうすると、出力にも失敗が増える。失敗が続けば価値のある経験が積み上げられませんから、「予測モデル」の信頼性も低いものにならざるを得ない。

　もしも、自閉症の特性をこうした計算論的モデルで説明できるとしたら、AIを自閉症の人の支援に用いる道が拓けてくると思いませんか。AIなら計算はお手のものでしょうからね。データを蓄積して、確率を絞り込んで、予測に役立てる作業なんてうまくやってくれそうです。

AIを「サリーとアンの実験」に参加させたら、正解を出せるでしょうか。というよりも、そういう機能を備えたAIを開発してもらえると、自閉症の人の助けになると思います。

　発達障害というのは、「障害」の2文字が入っているので病気と混同されがちですが、実は脳の発達にその他大勢の人と異なる特徴があるということにすぎない。それでも、この世の中はその他大勢向きにできていますから、発達障害の人たちには理解できないことも多い。そこをていねいに解説してあげることが支援につながります。それをAIにさせてみてはどうかというわけです。

　たとえば新感覚スパイ映画『キングスマン』★10で、主人公がかけていたあの眼鏡。その視野に映る光景がそのまま本部のモニターに送られ、分析の結果が必要な情報として返ってくる仕組み。「そっちじゃない！　ビー玉はアンの箱の中だ！」と教えてくれる、あんなツールがあったらいいなと思います。

　いきなりそこまでは無理にしても、目の前の状況をスマホで撮影して質問を音声入力すると、そういうときはこう言いましょうとか、こうしましょうとかアドバイスしてくれるアプリ。自閉症の人のための状況翻訳アプリ。そういうものなら、それほど待たずに実現しそうな気もするんですが、いかがでしょう。

★10　『キングスマン』は2014年のイギリス映画。監督は『キック・アス』のマシュー・ヴォーン、主演は『英国王のスピーチ』のコリン・ファース。シリーズ第3弾は2019年に公開予定。

第9章

誤解だらけのAI論

中野信子 [脳科学者・医学博士]

前説 ── 森川幸人

　この本では何度もAIに「こころ」は宿るのかが問われ、語られています。そういう興味や望みを感じるのは、AIがコンピュータの中で動くプログラムという能力を超えて、人に生き方を示唆してくれたり、はげましてくれたり、愚痴のはけ口や相談相手になってくれたり、場合によっては恋愛の対象になってくれたりする予感があるからだと思います。

　つまり、AIが人の生活の中に入り込む、自分の隣にやってくるパートナーになる時代をなんとなく予感しているため、パートナーに「こころ」があるのかないのか、それは我々の心と同じなのかどうかが気になるのだと思います。

　パートナーとの関係は最小の社会であり、おそらく最も少ないルールや価値観でできあがっている社会でもあります。その最小の社会においても、それをうまく機能させるためには、相手に「こころ」があってほしいと思うわけですから、親戚やら地域住民やら日本国民やらの大きな社会になってくればくるほど必要性が高まります。社会をちゃんと機能させるためには、複雑なコントロールが必要になりますから、相手に「こころ」があってほしいと思う気持ちも、社会の大きさに比例して強くなることになります。

　「こころ」は、場合によっては「神」と言ってもよいのかもしれません。そもそも「こころ」という幻想というか、概念が生まれ、そしてこれほどまでに重要視されている理由は、「こころ」が社会を維持するための大事な装置であるためではないでしょうか。AIに「こころ」が必要だと思うのは、我々が過去から現在に至る歴史の中で相手やまわりの人にも「心」があると考え、場合によっては自分の「心」を押し殺し、全体の「心」のルールに従うことが

最終的に集団の利益につながり、社会の維持に都合が良かった経験があるからかもしれません。

そういう意味では「こころ」は「内なる神の声」と言ってもいいのかもしれませんが、このあたり、知ったかぶりして掘っていくと自爆しそうなので、いちクリエイターのフラッシュアイデアと見ていただけましたら幸いです。（という言い訳も「心」のなせる技です。）

❖　❖　❖

話は変わりますが、AIは会話が苦手です。特に雑談が苦手です。ゲームにAIを組み込みたいという相談を受けるとき、よくこの話をするのですが、たいがい皆さん驚かれます。

「あんな専門的な会話ができるのに、なぜ雑談ができないのか！」というわけです。

しかし実際のところ、話は逆なのです。専門的な話やカスタマーサポートなら、自分のところの製品と想定される問題とその対処だけに絞り込んだ会話でよいため、それ以外の話題、たとえば昨今の巨人の不調などについての情報などを教える必要がないわけです。

一方、雑談をするためには、とても広い「一般常識」が必要です。たくさんの常識を与える一方で、それを間引く能力も必要です。その場の状況や相手のスキルに合わせて情報を出したり出さなかったり、こういう選択というのはとても高度な技術になります。

情報の量と選択の問題もありますが、さらにやっかいなのは、AIに時間の概念がないことです。ニューラルネットワークだとそのモデル自体に時間概念を持たせることが難しいという技術的な

問題もありますが、「さっきのあの話だけどさー」と話を振られたときの「さっき」がどのくらい前なのか、うまく理解することができません。

メモリーなり記憶力なりは十分にあるので「15分前の話だけどさー」と言われれば、すぐにその周辺の時間帯の話題を探し出すことはできますが、「さっき」といった漠然とした過去はよく理解できません。

それ以上にAIにとってやっかいなのは、さっきの話と今の話がどうつながっているか、その人がなぜ急に「さっきの話」を持ち出してきたかを理解するのが難しいのです。「さっき」の話を再び浮上させたい理由が「今の会話」とどうつながってくるのか、あるいは、その先の「未来」にどういう展開になっていくかを「時間」を軸として関連させていき、その話を持ち出す人と自分との関係などから、その本意を推測するのは大変に高度な能力が必要で、AIだけでなく人間以外の動物でもできない芸当です。

AIがこのさき、人とちゃんと会話ができるようになるためには、「一般常識」を手に入れるとともに、時間の概念を手に入れることが必要になります。さらに、AIが人とちゃんと関わるためには、相手（人）がどうしてそういうことをしてしまうのか、どうしてそれが気持ちよいのかを理解する必要がありそうです。

となれば、ここは生き物側の脳の専門家にお話をお聞きするのが早い！

ということで、この本の最後に、脳学者の中野信子さんにお話をお聞きすることにしました。

中野さんは『サイコパス』などたくさんのベストセラーを出されておりますし、テレビ番組にもたくさん出演されているので、特にご紹介の必要はないでしょう。

特に、中野さんは脳科学の立場から「世の中の困った人たち」について考察されています。「困った人」が生まれる理由、それを歓迎したり、拒絶したり、攻撃したりする「社会」ができる原因を、「人間だって、いち生物だもん」という視点で語られています（間違ってたらごめんなさい！）。

　脳科学者の立場から「こころ」の正体やら、AIと「こころ」の関係について語っていただきます。また、芸術についてもお詳しいので、「美しさ」について、それがAIとどう関係していくのかについて興味深いお話もうかがいました。

誤解だらけのAI論　中野信子

■「心が通じあう」と感じるバイアス

　現在、世間でよく話題になっている「AI」という用語は、実際にはビッグデータとディープラーニングのことでしょう。これらのビジネスに関わることの多いテーマについては、他章や別の解説書を見ていただくことにして、本稿では、「AI」という言葉をもっと上位の概念として捉え、論を進めていきたいと思っています。

　AIと人のコミュニケーションを考えてみると、「ELIZA」（イライザ）という名の、人と対話を行うプログラムが想起されます。これは人工知能ではなく人工「無」能の原型になったソフトウェアです。特に有名な対話用のデータ（スクリプトと言います）は、来談者中心療法というセラピー（心理療法）のシミュレーションとして開発された「DOCTOR」です。これは単にユーザーが入力したフレーズに対してデータベースの中から応答を探すだけのシンプルなシステムです。

　来談者中心療法は非介入的なカウンセリングというのが特徴で、心に何かしらの問題を抱えた人がカウンセリングに来ても、カウンセラーは基本的には何もアドバイスをしません。クライエント（カウンセリングを受ける人のこと）が何も言わなければ、「今は静かにしていたい気分なんですね」などと語りかけることはあるかもしれませんが、特に「ああしろ、こうしろ」とは言いません。

　来談者中心療法では、オウム返しのようなやりとりが続くことがあります。たとえば、「青空を見るといつも暗い気持ちになるんです」とクライエントが言えば、カウンセラーは「青空を見るといつも暗い気持ちになるんですね」と返す、というようなやりとりで

す。そんなやりとりが続いていると、しばしばクライエントが、「なぜ先生は私の言っていることを繰り返してばかりいるんですか」とカウンセラーに聞くこともあります。そうしたら、「今そのことを質問したいと思ったんですね」と返します。

クライエントとの間のこうしたカウンセラーの受け答えは、プログラムのDOCTORが見せる応答と実際にはあまり変わらないように見えます。人工無能を知っている人にはよくわかると思いますが、DOCTORとやりとりをしていると、やはり中に人がいるような感じがします。あたかもそこに心があるかのように思いたい欲求が、人間側に強いということでもあるのでしょうが、相手は人工無能ですから、何かを感じるだとかそのような機能は実装されていません。データベースからデータを引き出して応答するだけです。

エリック・エリクソン[★1]という心理学者はヨーロッパの非英語圏の出身でしたが、渡米してからカウンセラーとして大きな成功を収めます。なぜなら、渡米したての頃のエリクソンは英語が下手で、意図せずして彼のカウンセリングは来談者中心療法になっていたからです。その結果、彼はクライエントの信頼を得て、カウンセラーとして地位を築きました。

それでは、カウンセリングでクライエントが抱く「受容されている」という感覚は、どこから来るのでしょうか？　なぜ、私たちは、オウム返しされるだけでその相手に信頼感を持ったり、愛着を感じたりさえするのでしょうか？

これは、人間とほかの生物との関係でも同じことです。たとえ

★1　エリクソンは「アイデンティティ」という用語を世間に広めた人物として有名。1933年に渡米し、39年に帰化した。

ば、木に命が宿っていて、語りかけてくるような感じがするというのも同じ現象です。爬虫類や金魚のような生物が相手でもそうかもしれません。人間のようなコミュニケーション手段をまったく持たないけれども、こちら側が想像を膨らませられるゲシュタルト★2を作れるキュー（手がかり）がたくさんあると、何かを想像してしまう。たとえば、2つの黒丸の下に円弧が描かれていると、ほとんどの人が「丸と曲線」ではなく「笑顔」「スマイリーマーク」と認知します。それが人間にしかない特性と断定するのは難しいところがありますが、少なくとも人間にはこのように、実際には存在しないものを、手がかりがあるだけで「存在する」と想像する能力が備わっているのです。

　私たちは、2,000年前に書かれた文章を読んで、そこに人の姿形を想像することができます。文章に深く入り込めば、対話をしている気分になることさえあります。こんなことを言うと身もふたもないと感じる人はいるでしょうが、応答するシステムが人工無能だとしても、人間は相手を人間だと感じてしまうものです。人間と対話のできるAIを開発しようとするなら、むしろ受け手である人間がゲシュタルトを自動的に構築できるような"演出"に工夫を凝らすのがよいのではないでしょうか。

■ 人間の「どうしようもなさ」は、必要だから存在する

　「フレーム問題」という問題が人工知能にはあります。有限の事象にしか対応できない人工知能には、無限の事象が起こり得る現実世界の中で、与えられた指示や問題に関係のある事柄だけを選

★2　ゲシュタルトとは、ある形態がパーツの寄せ集めではなく、統合されたひとまとまりのものとして捉えられたもの。

第9章 誤解だらけのAI論

び出すことが難しいという問題です。人間なら、起こる確率の低いことはあらかじめ除外して考えることができます。ところがAIは可能性のすべてを検討するため、「組合せ爆発」を起こしてしまいます。

たとえば、人間が危機的状況の深刻さを低く見積もる現象を「正常性バイアス」と言いますが、これは起こり得る確率の高いものだけが実際に起こると思ってしまいがちな人間の思考特性のわかりやすい例と言えるかもしれません。正常性バイアスとは、実際に危機が迫っていても、無意識のうちにフィルターをかけてしまう現象のことです。たとえば大地震が起きていても、「いや、自分のいるこの建物だけは大丈夫」とか「俺だけは助かる」と思ってしまうのです。

この現象は、起こる頻度の高いものが起きる、起こる頻度の低いものは起きないに違いないという経験則に基づいた重みづけが過度に起きるためと考えられています。さらに、楽観性の高さもそれに加わっていると考えられます。不安要素ばかりを認知してしまうと、人工知能のフレーム問題と同じように、不安な未来を

計算しすぎて結果が爆発してしまい、必要な意思決定ができず、生きていくのに適切ではない状態になってしまう。だから人間はある程度の閾値以下のリスク要因は排除できるように、不安傾向が一定以上に高くなりすぎないように設定しているのです。

そのため、セロトニン★3レベルをある程度以上に保つ仕組みができています。当たる確率が非常に低く、控除率がおそろしく高いにもかかわらず「俺だけは当たるかもしれない」と信じて宝くじを買うのもセロトニンによる楽観性がその一端を担っているのです。

人間がどうしようもないなと思っている性質のほとんどは、人間らしくあるために実装され、適切に保存されてきたものです。たとえば、ちょっと楽観的すぎるという性質もそうですし、一緒にいたところで何の得にもならないけれど、「この人が好きだ」と一緒にいたいと思ったり、仕組みを理解すれば得になることはあり得ないことが明らかなのにギャンブルをしたりするのもそうです。ただこういった推測は、どちらかと言えば進化心理学的な考え方かもしれません。

■ 自閉症研究が人工知能開発の鍵となる？

いま私たちが見ることができる人工知能の姿は、ゲームにたとえるなら、ファミコン時代の「スーパーマリオブラザーズ」(任天堂) のような感じではないでしょうか。初期の「ファイナルファンタジー」(スクウェア・エニックス) に出てくるキャラクターもファミコンの8ビットCPUで描かれたグラフィックでした。それが、

★3 セロトニンは気持ちをリラックスさせ、身体のコンディションにも良い効果を与えると言われている。

90年代の終わり頃になると一気にビジュアルが進化します。3Dで立体的に表現された8等身のキャラクターは年を追うごとにリアリティを増していき、俳優を使わなくてもCGだけで映画ができてしまうんじゃないかというレベルにまで近づいていきました。

　こういった急激な進化が人工知能の分野でもおそらく起きることでしょう。最終的には、どうやって人間と見分ければいいのだろうかという水準に達するのではないでしょうか。そのような水準にまでいけば、チューリングテストにもやすやすと合格してしまうでしょう。どう答えれば合格するのかも当然学習してしまうからです。

　興味深い現象としては、健常な人間の成人は全体的な雰囲気を認知して相手のことを記憶したり認識したりします（ゲシュタルト知覚と呼ばれるものも同様です）。その人がいくら姿を変えたとしても、なんとなく雰囲気や声、言っている内容などから「誰々さんでしょう」とマッチングする。自閉症の人はそれが苦手なのです。

　たとえば、今日の私（＝中野）は髪型も服装もテレビに出ているときとだいぶ違いますが、そうなると自閉症の人のなかには今の私とテレビに出ている私は完全に別人だと思ってしまう人がいます。以前お会いしていても再会したときに「初めまして」と言ってしまったりする。今のAIもそうでしょう。顔認証の精度は高くなってはいると思いますが、髪型とメイクを変えただけで認証してもらえなかったことがつい最近もありました。ただおそらく、基礎的な認知の構造としてはそのほうがデフォルトなのです。

　自閉症の患者さんを見ているとよく思うのが、本当は患者さんたちのほうがシンプルに生活しているということです。私たちはマジョリティだから自分たちのほうがあたかも「正常」であるかのように思い込みがちですが、それはなんらかの適応的な要請があ

ったから、その個体が増えたというだけなのではないでしょうか。自閉症の方の特徴として知られているのは、上側頭溝が小さいということです。ということは、人間はもともとゲシュタルトを知覚できない基本的な認知構造を持っていて、上側頭溝がそれらの情報に対してなんらかの処理をすることで、多くの健常者たちの認知になっていると考えるのが妥当だと考えています。

■ 学習とアンラーニング、直感の有効性

　動きを学習するときには、適度に忘れるアンラーニング（学習棄却）のプロセスがあったほうが学習が早いという研究があります。アンラーニングというのは適度に忘れるということです。前に学習したことがそのままスタックされてしまうと、逆に応用ができなくなるという考え方です。適度に、たとえば8割くらいに抑えて学習し、残りの2割の部分に対してなんらかの処理をしてということになりますが、そのなんらかの処理については、まだ研究途中です。

　以前に、羽生善治さんがおっしゃった言葉ですごく印象的だったのが、この歳にまでなると「引き算の将棋」をするとおっしゃったんです。これをアンラーニングと解釈することができるかもしれません。羽生さんはトレーニングを含めてすでにかなりの回数の対局を積み重ねてこられて、ご自身の巨大なデータベースを脳内にお持ちです。もちろんそれは極めて高い実力を裏打ちする重要なものでもあるのですが、一方で他者の指し手も含めた過去の成功体験にスタックされて、手が限られてしまう可能性がある。それをご自身がどこかで感じていらしたのでは、と推測できます。そこで「引き算して、新しい指し手をもう一度見つけないといけない」という思いがあったのではないでしょうか。羽生さんの演

算能力をもってしても多すぎる経験があるのかもしれません。トップダウンで計算をせずとも、ボトムアップで勝手に計算されてしまう部分がある。これを羽生さんは「直感」とおっしゃるのではないかと思います。

　ここでトップダウンとボトムアップというのはどういうことかというと、トップダウンというのは意識的にコントロールできる部分のことです。たとえば、「これからポテトチップスを食べましょう」と意識して食べるのと、無意識のうちにつまんで食べてしまうのとは違います。無意識のうちにつまんで食べるのは、ボトムアップです。

　私たちが直感を必要とするシチュエーションとしては、こんな場面も考えられます。よく考えれば特にどこにも問題はなさそうなのだけれど、「この人、なんか怪しいな」と感じたりする。そんなふうに感じるのは、トップダウンで意識的にそう考えているわけではありません。トップダウン的にはむしろ、「人を見た目で判断するなんていけない」と、直感を制止したり、直感による疑惑をポリティカルコレクトネス★4の文脈を使って抑え込もうとしたりします。だけれど、やっぱりボトムアッププロセスからくる違和感が残ります。そんなときは、直感を大事にしたほうがよい場合があります。羽生さんも「危ない」局面では直感を使って乗り切ってこられたのではないでしょうか？　直感は、単なる思いつきや感情の揺れの産物ではないのです。ましてや、スピリチュアルなものなどでは当然ありません。もちろん、感情が直感の判断に影響を与えることはありますけれど。

★4　ポリティカルコレクトネス（PC）とは、性別・人種・宗教などによる差別や偏見に基づいた表現を避けて、中立的な表現を用いること、あるいはそのような考え方を指す。

　ボトムアッププロセスでは、普段の状況とちょっと違う何かがシグナルとして現れたときに、自分の身を守ろうとして無意識に個体に警戒させようとするわけです。こうしてボトムアップではアラートを鳴らすのだけど、私のような凡人は「そんなに怪しんではいけない」などとトップダウンプロセスがコントロールしようとします。ですから、意識的に自分の行動を制御しようとしている人ほど、直感を信じることができずにだまされたりすることがあるのです。

■ 美意識と倫理観は、集団を維持するシステム

　「心」というものは物理的には存在しません。ただ、多くの人が"ある"と考えているので「ある」。そう多くの人が無意識に仮定することでうまく回っている架空の概念と考えることができます。つまり、「神」や「来世」と同じ虚構とみなすことが可能です。ただし、ないと言い切ってしまうと非常に抵抗を感じる人が多く、「あ

るものだけど、目に見えませんね」と言っておいたほうが差しさわりがないといったところかと思います。

　上記のような「神」に類する概念として「美しさ」「正しさ」を考えることができます。美しさを感じる領域は何のために存在するのでしょうか。ただ個体を維持するためにはまったく必要のない機能です。美しさは正しさを判断する領域とほぼ同じ、前頭前野の内側部や眼窩前頭皮質が使われます。何が正義で何が悪かということは、私たちの間で自明のものと思われてしまっていることが多いのですが、実はそうではありません。だからこそ法が存在し、人が人を裁くという行為が行われるのです。

　個体にとって利益がある行動と、集団にとって利益がある行動は大きく矛盾している場合があります。人間は、ほとんどの場合、集団のために何かをすることを正しいと言ったり、美しいと言ったりします。自己犠牲的に何かをする、命を削ってみんなのために何かをする、会社のために残業をする、自分のエゴで遅刻することは許されない、などです。

　対照的に、個体の利益を優先する人は「汚い人」です。みんなが働いているのに一人だけさほど働きもしないのに高額の報酬を得ている――こういう人のことを私たちは「汚い人」と罵ります。こういう人に対して私たちは実に容赦がなく、一斉に非難を浴びせかけるという現象をしばしば目の当たりにしているでしょう。みんなの利益を優先する人は「良い人」「美しい人」、自分の利益を優先する人は「悪い人」「汚い人」と判断される。

　しかしながら、「あいつは汚いやつだ」と言う場合、本当にこの人が物理的に汚れているわけではない。むしろ身なりは整っていて清潔かもしれない。でも、汚い。これは、「あいつは正しくないやつだ」という意味になっているわけです。

それでは、何のためにこの感覚があるのでしょうか。それは、社会性を持ったことが、我々人間の武器であったからです。共同体で戦闘をし、物を作り、牧畜をし、農耕を営んできた。逃げ足も遅く、肉体的にも脆弱な我々が生き延びるためには、知恵と社会性が同時に必要だったのです。脳の構造を系統樹を追って比較してみれば明らかで、現生人類の脳では知性と社会性の領域が異様に発達しています。

　そして、集団から離れることや集団を壊すことは、その集団全体にとって文字どおり致命的な危機をもたらします。だから、集団のルールの破壊を許すことは悪だ、汚いやつは追い出せ、悪い奴はこらしめろ、と集団の構成員全員をボトムアップで動かして生き延びるための仕組みが脳に必要になったわけです。

　集団になることによって、たとえば繁殖に有利になるとか、弱者である子どもを守ることができるなど、さまざまなメリットが得られます。人間は大人になるまでに非常に長い時間がかかります。逃げ足も遅く、逃げる方法をまだあまり知らない子どもの時期は

とても狙われやすい。また、体も小さくてやわらかく、捕食の対象となりやすい。さらに子連れの女性や妊婦であれば、戦闘を行うことにも肉体的に制限がかかり、とても身を守りにくい。そうなると、集団になることによって得られるメリットというのは非常に大きくなります。身を守ることが格段にやりやすくなるからです。たとえばもう長くは生きられない個体をおとりにして、その結果みんなが生き延びることができたというエピソードも数多く人類史には存在したでしょう。そのようにして、我々は長い年月を生き延びてきているのです。

このように我々ホモ・サピエンスは肉体そのものや、生殖や育児の段階における脆弱性があるため集団を作る必要がありましたが、AIは個体でも独立して生き延びていける可能性があるので、本質的に彼らに社会は必要ありません。非常に強靭かつ完結した個体ができ上がれば、社会を形成する必要はありません。このため、そもそも社会から排除されるという脅威も存在しません。独立した電源系とメンテナンスシステムさえ確保できればいい。生物における生殖を想定しても、彼らにとってはモジュールをちょっとずつ変更してコピーすればいいので非常にシンプルです。つまりAIは社会性をまったく持たなくても生きていけるので、「正しさ」も「美しさ」も必要ない。これらのことを本質的には理解することはないだろうと考えられます。

しかしながら、人間に混ざって生きていくとなれば話は別です。人間はボトムアップで「正しさ」や「美しさ」の処理をしている。その処理を少なくとも人間のように行うことが必要だと学習をするなら、"AIサイコパス"のように振る舞うようになるでしょう。ここで涙を流せばみんな信用するはずだとか、この場面でこう振る舞えば多くの人が感動するはずだとか、計算高く考えるのです。

そして人間は、なぜだかそういう存在を見抜くことができず、しかも好むという性質があります。単なる「いい人」よりも、サイコパシーが高く、マキャベリスティックであり、目的のためには手段を選ばないような存在が人を従わせ、優位に立てる。優位に立つというのは何も暴力でねじ伏せるということだけではなく、言葉でそういうことが達成されるのです。

　たとえば、既得権益を守ろうとしている旧勢力に「みんなのために」歯向かうポーズを見せてみたり、大衆に対して上から目線で「民衆よ目覚めよ」というようなことを言ったりする。すると「ああ、この人に従おう」と人々は自然に思わされていくのです。歴史上にもそういう人がいます。必ずしも「いい人」が皇帝や王、大統領になるわけではありません。

　研究によれば、アメリカの歴代大統領は、「恐れ知らずの支配性（Fearless Dominance）」を持つという特徴が示されています。そうあることで一見勇敢で人民のために自己犠牲的に戦うというような人格に見えるので、この人を支えよう、ついていこう、彼には魅力がある、などと判断されるのです。それに通常の人間以上の知能を備えれば（それがたとえ側近の知能であったとしても）、「あの人すごいね」と多くの人に認知されるのです。

■ 時間感覚をAIに実装することは可能か？

　長い時の流れを認識する能力は人間だけが持っています。特定の時間感覚の刺激だけに対応する神経細胞の一群が、側頭葉と頭頂葉の間にある縁上回という部位にあります。道具の使用を学習させると、これはサルもそうですが、縁上回が広がっていくという興味深い研究もあります。つまり、道具の使用と時間感覚とは同じ領域が担っているのです。

この縁上回とそれに隣接する角回の機能により、人間特有の長期的な計画や準備をする能力が現れてきます。1年後にオリンピックがあるから何とかしようとか、もしかすると何年かしたら災害が起きるかもしれないから準備をしようなどと考えることは、サルにはできません。ほかの動物も、餌を蓄える行動をする生き物はいますが、それは時間感覚とは異なる機能によって行われています。

　人間の脳の中で高次機能を担っている場所は、前頭前皮質と、今言った縁上回、角回を含む頭頂・側頭連合部と呼ばれる領域です（図9-1）。ここは時間感覚とともに時空の広がりを認知する場所だろうと言われています。

　右半球にある角回はとてもミステリアスな領域です。ここを磁気的に刺激することで、幽体離脱と同じ感覚を得られるという論文が英国の科学誌「ネイチャー」に掲載されたことがありました。

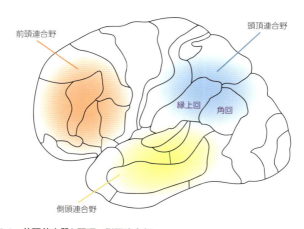

図9-1　前頭前皮質と頭頂・側頭連合部

TMS[★5]で右の角回を刺激すると、たとえば今ここに座っている状態の目線の高さでいるにもかかわらず、上空から自分の体を見ているような感じがするというのです。

　通常、角回右側の活動が落ちることはほとんどないのです。なぜかと言うと、角回は環境と自分を区別することで、自分の体の存在を認知する部位であり、常に働いているべき場所だからです。つまり、その部分の活動が下がると、自分と環境との区別がつかなくなると考えられる。実際に被験者からの報告では、「宇宙と自分が解け合ったような感じがする」という回答が得られているそうです。

　面白いことに、この領域は時間感覚や道具の使用、空間認知だけでなく、暗喩（メタファー）などの高度な言語理解にも関わっていることがわかっています。少なくとも今のAIには暗喩が理解できないようですが、どういう関連があるのかは未知ではあるものの、AIに暗喩を理解させようとするには、時間感覚も同時に実装する必要があるのかもしれません。

　この時間感覚は単一のものではなく、2種類あると考えられています。3年、10年、100年先という感覚を持てるのは人間だけですが、短い時間を測る能力は他の生物にもあります。たとえばハチドリは、蜜を吸って次に同じ花の蜜を吸うのに一番いいタイミングを測る機能を持っています。人間はちょっとその感覚が鈍くて、とてもあいまいになっています。もしかしたら、あいまいにする必要があったという可能性もあるでしょう。

★5　TMSは「Transcranial Magnetic Stimulation」の略。経頭蓋磁気刺激（けいとうがいじきしげき）と訳され、磁気を用いて脳の特定部分の活動を活性化させる。薬物依存の治療法とは異なる治療方法として注目されている。

■ 人間がAIに脅威を感じるのはなぜなのか

　ディープラーニングなどで処理された現時点でのAIの判断の様式、思考経路はブラックボックスとされています。これはおそらくデータとして蓄積された人間の思考が意外にも論理性に欠け、独特すぎてAI側からキャッチアップしても人間に納得できるように説明できないということではないでしょうか。

　私は人間ではありますが、それでも自分が何かを誰かに教えるときに、どういう言葉を使えば多くの人に納得してもらえるように説明できるのかと苦心します。相手によっても方法は変わってきますし、この人にはどう伝えるのが適切かなどと考えこんでしまうこともしばしばです。テレビ収録のスタジオで話をするときに、「簡潔に」とかカンペが出るのですが、この場での「簡潔に」とはどういうことなのかが意外につかみにくいんです。「簡潔」を目指したつもりが、ただの「不親切」になってしまったり。特に「人間らしい（独特の）センス」に欠けた私のような者の場合は、相当時間をかけて「簡潔に」を学習しなければなりませんでした。

　相手の理解の様式に合わせて、自分の知っている知識をどう翻訳するのか。そこには工夫が必要です。これをAIがするとなると、そのレイヤーでの処理も必要になりますから、より多段階のプロセスを経なくてはならなくなります。機械にとって処理しやすい方法と、人間にとっての理解のしやすさは違うので、どこに補助線を引けば人間にとって理解しやすいのか最初はわからないでしょう。

　人間が人工知能に脅威を感じるのは、自分たちが出せない正解を、自分たちが知らない方法で出していることに気持ち悪さを感じるからです。人間同士でも同じようなことがよくあります。半歩

先を行く人は人々からの喝采を浴びるけれど、3歩先を行った人はもはや理解されることはない。何かよくわからないことを言っている、けれどぱっとしない……。そう思われるのはまだいいほうで、悪くするとどこか不具合があるのかと思われてしまう。天才たちが理解されなかったのと同様に、先を行きすぎれば単にシステムが壊れたのだと判断されてしまうと思います。

■ AIの創造性が人間を超える？

　AIが作った曲を人間が理解できない、評価できないと感じるという例もこれから多く出てくるでしょう。私たちは無意識に芸術は「美しく」なければならないと思っていて、一定の「感動」を与えるものでなければならないという前提を無批判に持っています。「美しい」という感覚が、人間の肉体の本質的な脆弱性と、それを補填するための社会性に根差したものであるという仮定が真であるなら、人間は「美しさ」になんらかの社会性を持った意味を含むとか、ややわかりにくい言い方だとは思いますが、ある種の自己犠牲的な要素を求めているということになります。私がAIによる創作物が興味深いと思うのは、そうした「美しさ」の感覚に対するアンチテーゼが提示可能なものになり得ると思うからです。

　人間自身の創作物でさえ、たとえば作曲家が女性だと知らされるとその曲に対する評価が低くなるという現象が起きることが知られています。作曲家の情報がむしろ偏見を呼び、曲そのものの質が正当に評価されないというバイアスがかかる。これが「AIが作った」となれば、なおさらかもしれません。目新しさがあるうちは注目されるでしょうが、新鮮さを失ったときには陳腐なものとして見向きもされなくなってしまうのでは？　ただ、これは受け手の問題、つまり人間の認知の特徴です。AIが人間と比べてどれほど

高い技術を持ったとしても解決は難しいでしょう。
　こういったバイアスが人間からなくなる可能性はありません。「なくそう」という希望を持ち続けることは必要だと思いますが、「なくそう」と言っているうちは少なくとも、「ある」ということです。ユダヤ人の例を参照するまでもないとは思いますが、過去数千年の間、人が人を差別する構造はなくなっていません。100万年くらい経てばあるいは、とも思いますが、今生きている人間が死ぬまでくらいの数十年の間には、少なくともなくなることはないでしょう。
　ここまでAIと人間の対比を考えて論じてきましたが、私たち人間は、自身の認知の特徴を自覚し、自戒の気持ちを常に新たにして、上手にAIと付き合っていけるといいなと思っています。

あとがき

　最後に、少しだけ自分の話をさせてください。

　わたしは、およそ20年前、プレイステーションの立ち上げに合わせてゲーム制作の道に入りました。どういうきっかけだったか、今では思い出せないんですが、最初に企画したゲームにAIを使うことにしました。

　当時はテレビ広告もずいぶんと派手に打っていたので、ご年配の方の中には「がんばれ森川君2号」というゲーム名に聞きおぼえがあるかもしれません。ちなみに、今でもこのタイトルは口にするのが恥ずかしくてしょうがありません。よく驚かれるのですが、このタイトルは私がつけたものではありません。大人の事情で付けられたタイトルです（笑）。

　当時は第2次AIブームでした。しかし、今のように民間の企業が市場に参入したり、一般の人も含めたAIブームではなく、AI研究者の間だけでのブームでした。そのブームの立役者が、今のディープラーニングの前身とも言えるバックプロパゲーション（誤差逆伝播法）というAIモデルでした。ディープラーニングと同様に、生き物の脳の仕組みを模したAIで、一般に、「ニューラルネットワークモデル」と呼ばれるAIです。

　ゲームを作るのが初めてならAIに触れるのも初めてでしたから、どの程度のハードウェアスペックが必要になるのかまったくわからないまま、初代プレイステーションのとても貧弱なハードウェアに、当時最先端のバックプロパゲーションを乗せるという暴挙に出てしまいました。もし、いま同じ状況に立たされたとしたら、「100％ムリです」と答えていると思います。

　さらに、これもあとでわかったことですが、一般にAIを利用す

る際は、事前に学習させておいて、学習済みのAIを組み込むことが一般的なのですが、いわゆる「育てゲー」というジャンルのゲームにAIを利用したため、ゲーム中に学習を進める仕組みにしていました。

「がんばれ森川君2号」は、今で言う「育成ゲーム」です。さらに自分で判断して自分で行動し、ユーザーはたまに指示を出したりモノを教えたりして、あとはそれを見守ることを楽しむという、今でいうところの「放置ゲーム」でもありました。

ちなみに当時は、「総プレイ時間100時間！」など、たっぷり遊べることが売りの時代でしたから、「やらなくてもいいゲーム！」というセールス文句は残念ながらまったくユーザーに響きませんでした。

このゲームでキャラクターはまわりの世界を眺めて、食べ物はあるか、怖いやつはいないか、先に進む道はあるかなどを確認しながら、自分のコンディションに合わせてそこで自分が何をすべきかを記憶と学習をもとに自分で判断して行動します。ユーザーがいちいち指示する必要はありません。

おなかが空いていて食べ物がそこにあれば、そこに向かうし、怖いやつがいたらUターンするか、攻撃する。食べ物と一緒に怖いやつもいて、それでいておなかが空いているときは葛藤する。そんな感じです。

さらに、よく知らないアイテムに出会ったら、においをかいだりたたいたり、食べようとしたりしながら、そのアイテムがどういうものであるか、自分で学習していきます。

ニューラルネットワークモデルは、教えられたことを実行するだけではありません。教わったことがない未知のアイテムや世界に対しても、過去の学習を参考にしながら、それはなんなのか、

どうしたらよいのかなどをうまく推測できる能力があるAIです。この能力があったため、放置ゲームにできたわけです。放置しておいても、自分でいろいろ試すことでき、その結果の善し悪しを自律的に学習することができました。

もちろん、当時のプレイステーションのハードウェア性能に合わせたAIだったので、今のAIに比べればとても貧弱なAIです。生き物の脳細胞の数にたとえるなら、数百個レベルの脳細胞しか持ち合わせていませんでした★1。現実の生き物で言えば、ホヤくらいの脳細胞数です。それでも、それなりに、自分で世界を認識し、自分の体調に合わせてどうするか決め、その結果を学習していきました。とても単純な記憶や推論しかできなかったにもかかわらず、そこにキャラクターの「こころ」めいたものを感じたのは、手前味噌すぎる話かもしれません。

この本ではいろんな分野の専門家の方のお話を聞いて、「AIのこころ」について、2つの可能性を感じました。

ひとつは、上の「手前味噌感」こそ、ひょっとしたら「こころ」の本質ではないのか？

もうひとつは、相手に「こころ」があると信じることができた瞬間に、相手に「こころ」が生まれるのではないか？

相手に「こころ」があるほうがコミュニケーションを取りやすいために、相手に自分と同じ「こころ」があると感じる。ゆえに、虫にでも石にでもロボットにも「はやぶさ1号」にも「こころ」を感じる。

そんな気がしました。

★1　ちなみに人間の脳細胞（ニューロンのみ）は約1000億個と言われていますから、いかに少ないかわかろうというものです。

一方、AIのモデルの改良が進み、能力がどんどんあがっていき、たくさんの経験をして、たくさんの汎用的な知識を蓄え、オントロジー的世界を理解し、規模的にも人の脳を超えるようになっていくと、上で述べたような、錯覚というか幻想というか欲求によって存在する「こころ」とはまた別の数理的な現象として、大局観や直感のようなものを持てるような気もしてきます。

　すでにアルファ碁をはじめとする高性能のAIの振る舞いを見ていると、そのような気配が感じられます。さらにその先にある「やる気」や「飽きる」、あるいは「死を恐れる」などの情動も生まれるかもしれません。

　AIはコンピュータ上で動くプログラムではありますが、単なる高機能の演算とは違う質の振る舞いを見せてくれます。それは、知性なのか「こころ」なのか、それとも、単に複雑で高度な情報処理なのか、自分のスキルでは判断することができませんが、個人的には、ちょっと大げさな言い方になりますが、AIは人類が初めて遭遇する、生き物以外の知性体であるような気がします。

　自分が20年以上も、AIの魅力から離れられないのも、そういう思いからです。

◆　◆　◆

　大変有り難いことに、本書の制作にあたっては、各分野の著名な方にお話を聞くことができました。編集者のご厚意で人選を任せてもらえたので、日頃からお世話になっていたり、気になっていたりした方々にお話をお聞きすることができて大変うれしかったです。と同時に、表紙のデザイン案を見たとき、著者の顔ぶれをあらためて確認して震えてしまいした。

　お忙しい中、お話をお聞かせいただきました松原先生、一倉さ

ん、伊藤先生、鳥海先生、三宅さん、糸井さん、近藤さん、山登さん、中野さん（登場順）には感謝の言葉しかありません。
　また、森川のつたないインタビューをうまく編集してくださいました高橋ミレイさんにも感謝です。

2019年6月
森川幸人

プロフィール

松原 仁（まつばら ひとし）

1959年2月6日東京生まれ。1981年東大理学部情報科学科卒業。1986年同大学院工学系研究科情報工学専攻博士課程修了。工学博士。同年通産省工技院電子技術総合研究所（現産業技術総合研究所）入所。2000年、公立はこだて未来大学教授。2016年、公立はこだて未来大学副理事長。人工知能、ゲーム情報学、観光情報学などに興味を持つ。著書に『コンピュータ将棋の進歩』、『鉄腕アトムは実現できるか』、『先を読む頭脳』、『観光情報学入門』、『AIに心は宿るのか』など。前人工知能学会会長、前情報処理学会理事、観光情報学会理事。株式会社未来シェア代表取締役社長。

一倉 宏（いちくら ひろし）

1955年、群馬県生まれ。筑波大学卒業後、サントリー株式会社に入社。宣伝部制作室に勤務の後、独立し事務所を設立。コピーライターおよびクリエイティブディレクター、作詞家として活動。主な仕事に、サントリーモルツ「うまいんだな、これがっ。」、SONYウォークマン「哲学するサル」篇、NTTデータ企業広告「ホーキング博士」篇、学生援護会サリダ「職業選択の自由／憲法第22条の歌」、パナソニック「きれいなおねえさんは、好きですか。」、タグラインの仕事に、ファミリーマート「あなたと、コンビに」、リクルート「まだ、ここにない、出会い。」などがある。作詞作品に、斉藤和義「ウエディング・ソング」、合唱曲「こころよ うたえ」など。

伊藤 毅志（いとう たけし）

1988年、北海道大学文学部行動科学科卒業。1994年名古屋大学大学院博士後期課程修了（情報工学専攻）、工学博士（名古屋大学）。その後、電気通信大学助手。2007年同大学助教を経て、2018年より同准教授。人間の思考や学習に興味を持ち、将棋や囲碁などのゲームを題材とした人工知能、認知科学の研究に従事。2010年の清水市代女流王将 vs. あから 2010（コンピュータ将棋）では、合議アルゴリズムを提唱。UEC杯コンピュータ囲碁大会、電聖戦、AI竜星戦の実行委員長。著書に『先を読む頭脳』（新潮社）、『ゲーム情報学概論』（コロナ社）など。

鳥海不二夫（とりうみ ふじお）
2004年、東京工業大学大学院理工学研究科機械制御システム工学専攻博士課程修了（博士（工学））、同年名古屋大学情報科学研究科助手、2007年同助教、2012年東京大学大学院工学系研究科准教授。計算社会科学、人工知能技術の社会応用などの研究に従事。情報法制研究所理事。人工知能学会、電子情報通信学会、情報処理学会、日本社会情報学会会員。主な著書に『強いAI・弱いAI──研究者に聞く人工知能の実像』、『人狼知能──だます・見破る・説得する人工知能』。

三宅陽一郎（みやけ よういちろう）
京都大学で数学を専攻、大阪大学（物理学修士）、東京大学工学系研究科博士課程（単位取得満期退学）。2004年よりデジタルゲームにおける人工知能の開発・研究に従事。東京大学客員研究員、理化学研究所客員研究員、IGDA日本ゲームAI専門部会設立（チェア）、DiGRA JAPAN理事、芸術科学会理事、人工知能学会編集委員。
著書に『人工知能のための哲学塾』、『人工知能のための哲学塾 東洋哲学篇』（ビー・エヌ・エヌ新社）、『人工知能の作り方』（技術評論社）、『なぜ人工知能は人と会話ができるのか』（マイナビ出版）、『〈人工知能〉と〈人工知性〉』（iCardbook）。共著に『絵でわかる人工知能』（SBクリエイティブ）、『高校生のためのゲームで考える人工知能』（筑摩書房）、『ゲーム情報学概論』（コロナ社）。監修に『最強囲碁AI アルファ碁 解体新書』（翔泳社）、『マンガでわかる人工知能』（池田書店）、『C++のためのAPIデザイン』（SBクリエイティブ）などがある。

糸井重里（いとい しげさと）
1948年、群馬県生まれ。「ほぼ日刊イトイ新聞」主宰。コピーライターとして一世を風靡し、作詞や文筆、ゲーム制作など多岐に渡る分野で活躍。1998年にウェブサイト「ほぼ日刊イトイ新聞」を立ち上げる。運営会社の「ほぼ日」は2017年に上場、「ほぼ日手帳」といったヒット商品のほか、近著に『他人だったのに。』、『みっつめのボールのようなことば。』（ほぼ日）、『すいません、ほぼ日の経営。』（川島蓉子との共著・日経BP）など。

近藤那央（こんどう なお）
1995年生まれ。ロボットアーティスト。空想の絵本のような世界を、ロボット技術を使って実現しようとしている。2013年より、ペンギン型水中ロボットを開発するTRYBOTSのリーダーとしても活動し、ロボットをカジュアルに、親しみやすい存在にする活動も積極的に行う。2018年よりシリコンバレーに在住。慶應義塾大学環境情報学部卒。Forbes 30 Under 30 Asia、日経ビジネス次代を作る100人、ロレアル・ユネスコ日本女性科学者賞特別賞受賞。

山登敬之（やまと ひろゆき）
東京えびすさまクリニック院長。1957年東京生まれ。筑波大学大学院博士課程医学研究科修了。精神科医、医学博士。専門は児童青年期の精神保健。おもな著書に『新版・子どもの精神科』（ちくま文庫）、『芝居半分、病気半分』（紀伊國屋書店）、『母が認知症になってから考えたこと』（講談社）、『子どものミカタ』（日本評論社）、『世界一やさしい精神科の本』（斎藤環との共著・河出文庫）ほか。

中野信子（なかの のぶこ）
脳科学者。東日本国際大学教授。1975年生まれ。東京大学工学部応用化学科卒業。同大学院医学系研究科脳神経医学専攻博士課程修了。医学博士。2008年から10年までフランス国立研究所ニューロスピン（高磁場MRI研究センター）に勤務。脳科学、認知科学の最先端の研究業績を一般向けに分かりやすく紹介することで定評がある。17年、著書『サイコパス』（文春新書）がベストセラーに。他の著書に『ヒトは「いじめ」をやめられない』（小学館新書）、『シャーデンフロイデ　他人を引きずり下ろす快感』（幻冬舎新書）、『不倫』（文春新書）など。

サイエンス・アイ新書
SIS-434

https://sciencei.sbcr.jp/

僕らのAI論
9名の識者が語る人工知能と「こころ」

2019年6月25日 初版 第1刷 発行

編 者	森川 幸人
著 者	松原 仁、一倉 宏、伊藤 毅志、鳥海 不二夫、三宅 陽一郎、糸井 重里、近藤 那央、山登 敬之、中野 信子
発 行 者	小川 淳
発 行 所	SBクリエイティブ株式会社 〒106-0032 東京都港区六本木2-4-5 電話：03-5549-1201（営業部）
編集制作	川月 現大（風工舎）
編集協力	高橋 ミレイ
装 丁	宮園 法子
印刷・製本	株式会社シナノ パブリッシング プレス

乱丁・落丁本が万が一ございましたら、小社営業部まで着払いにてご送付ください。送料小社負担にてお取り替えいたします。本書の内容の一部あるいは全部を無断で複写（コピー）することは、かたくお断りいたします。本書の内容に関するご質問等は、小社科学書籍編集部まで必ず書面にてご連絡いただきますようお願いいたします。

©Yukihito Morikawa 2019　Printed in Japan　ISBN 978-4-8156-0299-4

≡ SB Creative